KB239527

Dear, ________________

From, ________________

초판 1쇄 인쇄 _ 2015년 11월 05일
초판 1쇄 발행 _ 2015년 11월 18일

지은이 _ 최민호, 윤희정, 박현정

펴낸곳 _ 세상풍경
펴낸이 _ 최형준
제작 _ 도담프린팅 | 제판 _ 블루엔
등록 _ 2007년 3월 28일 제313-2007-81호
주소 _ 서울시 마포구 서교동 376-11번지 YMCA빌딩 2층
도서 문의 _ 전화 02-322-4491 | 이메일 seniorc@naver.com
도서 주문 _ 전화 02-322-4410 | 팩스 02-322-4492
도서 물류 및 반품 _ 북패스 031-953-2913 경기도 파주시 파주읍 백석리 453-1

값 15,000원
ISBN 978-11-85141-18-3 13590

야무지게 적고 은밀하게 복 받는

여왕의 2018 가계북

The Queen's Secret Cash Book

세상풍경

2 0 1 6 ❀ S e c r e t   P l a n n i n g

PART 1

영리한 경제 습관으로 부를 만드는
2016 마법의 경제지도

우리 집 살림을 위한
경제지도를 그려라!

숫자로 말하라

모든 가계부는 돈의 지출과 수입을 기록하는 금전출납의 기능이 강조되어 있습니다. 즉, 돈과 아주 밀접하게 관련되어 있습니다. 평소 살림경제 즉 가계의 '재정' 부분을 당신은 얼마나 잘 파악하고 있나요? 당신 자신과 배우자 혹은 함께하는 가족 중의 구성원이 번 돈에 대한 관리는 성실하게 이루어지고 있나요? 가계북은 이러한 질문에 명쾌하게 대답을 제시할 수 있는 근거 자료가 됩니다. 기업의 재정을 담당하는 부서의 사람들은 반드시 숫자로 파악하고 모든 것을 숫자를 근거로 말합니다. 그렇듯 살림경제를 담당하고 있는 당신이라면 숫자로 기록하고, 숫자로 분석하고, 숫자로 말해야 합니다. 가계북을 가장 잘 활용하는 것은 정확하고 야무지게 숫자를 기록하는 것입니다. '여왕의 가계북'을 시작하는 당신은 이제 '숫자로 말하는 습관'을 갖게 될 것입니다. 이것이 바로 기록의 첫 번째 법칙입니다.

무엇을 공개할 것인가?

기록의 첫 번째 법칙은 바로 '숫자로 말하라'입니다. 이것은 두 번째 법칙과 아주 밀접하게 연관되어 있습니다. 당신이 기록한 숫자들을 통해 가족 구성원들과 무엇을 공유해야 할까요? 매일매일 쓴 돈을 빠짐없이 기록하는 것은 중요합니다. 매일 새로운 수입이 있는 경우는 드물기 때문이지요. 이런 이유로 가계북은 지출관리가 가장 중요하다는 뜻으로 이해하면 됩니다. 즉, 가계북을 통해 당신은 가족 구성원들과 지출부분에 대해 공유해야 합니다. 매일매일 쓴 돈을 공유하는 것이 아니라 월말 정산을 통해 나온 숫자를 공유하면 됩니다. 그런 다음 3개월마다 분기별로 결산한 내용을 함께 공유합니다. 여기서 당신이 유의해야 할 점이 있습니다. 씀씀이로 인해 책임공방을 과도하게 벌이거나 돈 때문에 언쟁을 하지 않는 것입니다. 돈과 연관 지어 말할 때에는 심플하게 숫자만 보여주면 됩니다. 그래서 꼼꼼하게 기록한 가계북이 필요한 것입니다. 이것이 바로 기록의 두 번째 법칙, '월말 정산과 3개월 분기 결산을 공유'하는 것입니다.

아무것도 분석하지 못한다면 그것은 가계부가 아니다

기록의 법칙들은 모두 연결고리가 있습니다. 앞서 숫자로 말하되, 월말 정산과 3개월 분기 결산의 내용을 공유하라고 했습니다. 그렇다면 공유하는 구체적인 내용은 무엇일까요? 월말 정산과 3개월 분기 결산을 통해 당신이 분석한 내용입니다. 분석해야 할 포인트는 바로 '수입과 지출의 결과'입니다. 월말 정산과 3개월 분기 결산을 통해 총평을 먼저 하는데, 이때 복잡하게 기록하는 것보다 간략하게 ⊕, ⊖, ⊖로 수입과 지출의 총평 내용을 표기합니다. 지난달에 비해 이달의 수입과 지출의 결과가 마이너스(−)보다는 제자리걸음(＝)이 되도록, 제자리걸음(＝)보다는 플러스(+)가 되도록 지출 내용 중 가장 먼저 줄여야 하는 부분에는 특별 장치로 별도 표기를 합니다. 형광펜을 칠해두거나 눈에 띄는 색으로 '★'를 체크해 두면 한눈에 볼 수 있습니다. 군이 복잡하게 추론하거나 예측하고, 분석하는 모호한 표현의 내용보다는 기록한 숫자를 통해 얻은 결과의 내용을 기호와 색깔로 체크하면 한결 간편합니다. 즉, 기호와 색깔로 한눈에 볼 수 있는 총평 내용을 표기하는 것이 세 번째 기록의 법칙입니다. 이제 여왕의 가계북을 통해 당신은 수입과 지출의 관리를 보다 알기 쉽게 기록하고 분석할 수 있습니다.

▌ 변화는 이렇게 예측하라

이제 마지막으로 당신은 '지출의 변화추이'를 분석한 뒤 예측할 수 있어야 합니다. 월별 수입과 지출의 결과를 3개월마다 변화된 내용을 분석하고, 앞으로 다가올 3개월 후를 예측하는 것입니다. 이것이 바로 기록의 네 번째 법칙입니다.

만일 당신이 어떤 기업의 수장으로서 투자해야 할 곳이 있다면 무엇을 가장 고려하게 될까요? 아마도 '현재'를 기준으로 최근 몇 개월 동안의 재정상태를 보게 될 것입니다. 그리고 먼 미래가 아닌 바로 몇 달 후의 재정상태를 예측하려고 할 것입니다. 그런 다음 가장 나쁜 요인을 찾으려 할 것이고, 긍정적인 이슈가 무엇인지를 파악할 것입니다. 즉, 단순히 지출의 변화추이만을 고려할 것이 아니라 우리 집 살림살이가 한결 좋아질 수 있도록 분석하고 예측해야 합니다. 이제 당신에게 필요한 장치, '예측의 가늠자'를 찾아야 할 타이밍입니다. '예측의 가늠자'란 3개월 후 우리 집 재정관리를 위한 지출 계획, 단기 목표의 기준을 만드는 것입니다. 바로 여왕의 가계북에만 있는 '타임캡슐'이 예측의 가늠자 기능을 합니다.

타임캡슐에는 언제나 현재를 기준으로 작성하는데, 앞으로 다가올 3개월 동안의 성공적인 재정관리를 위해서 가장 현실적인 씀씀이 계획과 반드시 이룰 수 있는 3개월 단기 목표를 적습니다. 그런 다음 반드시 3개월 뒤 타임캡슐에 기록한 내용을 다시 확인해야 합니다. 차분하게 자가점검의 시간을 갖는 것입니다. 이제 당신은 타임캡슐이라는 예측의 가늠자를 통해 우리 집 살림을 3개월마다 예측하고 씀씀이를 계획적으로 제어할 수 있을 것입니다. 이것이 바로 가계북을 기록하는 궁극의 목적입니다.

〈여왕의 가계북〉을 시작하는 당신이 2016년 살림경제를 부디 성공적으로 운영하기를 진정 바랍니다. 
이제 당신이 원하는 꿈의 경제지도를 마음껏 그려보세요!

■ 한눈에 보는 2016 우리 집 경제지도

Goal	2016 우리 집 살림경제 목표					
	1월	2월	3월	4월	5월	6월
월별 고정 수입 예상 금액						
월별 변동 수입 예상 금액						
월별 고정 지출 목표 금액						
월별 변동 지출 목표 금액						
월별 수입 지출 실제 총평	+ = −	+ = −	+ = −	+ = −	+ = −	+ = −
월별 흑자 요인 긍정 이슈						
월별 적자 요인 부정 이슈						
분기 타임 캡슐 평가	1분기 자가점검 평가 :			2분기 자가점검 평가 :		

7월	8월	9월	10월	11월	12월
+	+	+	+	+	+
=	=	=	=	=	=
−	−	−	−	−	−

3분기 자가점검 평가 :			4분기 자가점검 평가 :		

우리 집은 통장이 몇 개나 필요할까?

아무리 저금리 시대라고 해도 돈 모으는 기본은 '저축'입니다. 금리가 높지 않더라도 일단 저축을 해야 목돈을 모을 수 있기 때문이죠. 그래서 저축은 돈을 불리는 것보다 돈을 모으는 데 중점을 두어야 해요.

"그깟 이자 몇 푼 받자고 저축하느니 위험을 감수하더라도 주식 투자에 올인하겠다"고 외칠 수도 있겠지만, 안전자산의 토대를 구축하지 않고 위험자산에 올인하는 것은 도박과도 같은 선택입니다. 수익률 높은 투자처를 찾는 것은 목돈을 모은 이후에 생각해 볼 문제예요. 한 달에 20만 원을 저축할 수 있는 사람과 200만 원의 여력이 있는 사람은 투자의 관점이 다를 수밖에 없으니까요.

저축의 비중은 연령대에 따라 차이를 둘 수 있겠지만, 20~30대는 소득의 절반 이상을 저축하는 것이 좋아요. 그래야 만만찮은 미래 필요자금을 마련할 수 있어요. 자녀 교육비와 생활비가 늘어나는 40~50대는 저축할 여유가 별로 없는 것이 현실이에요. 하지만 노후자금을 마련하기 위해선 총소득의 20~30% 정도는 저축에 투자해야 해요.

목적에 따른 통장 쪼개기

매달 저축할 수 있는 여윳돈이 30만 원이라고 가정해 보죠. 적금 통장 하나에 몰아서 적립할 수도 있지만, 좀 더 효율적인 자금관리 및 지출관리를 위해 통장을 쪼개서 모으고 사용하는 것이 좋아요. 즉, 30만 원짜리 적금 통장 하나보다 10만 원짜리 적금 통장 3개를 관리하는 것이 좀 더 효율적이라는 얘기인데요. 사실 통장을 쪼갠다고 해서 없는 돈이 생기거나 불어나는 것은 아니지만 자금의 용도에 맞게 돈을 관리할 수 있고, 지출 시에도 용도에 맞게 계획적인 소비를 할 수 있도록 도와준답니다.

즉, 사용 목적이 모호한 통장 하나보다 목적에 따라 생활비 통장, 재테크 통장, 충당금(비상금) 통장으로 10만 원씩 여윳돈을 쪼개 관리하면 계획적인 관리와 소비가 가능하다는 얘기입니다. 여기에 대부분 하나씩 가지고 있는 월급통장을 더하면 목적에 따라 3~4개 정도의 통장을 운용할 수 있어요.

충당금 통장 관리하기

매달 얼마를 저축하고 통장을 몇 개 관리할지는 가계마다 형편에 따라 다를 거예요. 하지만 변동지출에 대비해 충당금 통장만큼은 꼭 만들어둘 필요가 있어요. 충당금 통장을 만드는 이유는 매달 같은 금액을 저축하기 위해서랍니다.

만일 주변에서 결혼 등의 갑작스런 경조사로 뜻하지 않은 지출이 생기면 그달에 목표한 저축 금액을 채우기 어려울 수도 있어요. 경조사뿐 아니라 부모님 용돈, 외식, 새 옷 구입 등 계획하지 않은 변동지출에 대비해 매달 조금씩 여윳돈을 쌓아놓았다가 필요할 때 충당금 통장에서 돈을 꺼내 쓰면 편리해요. 따라서 충당금 통장은 자유롭게 돈을 꺼내 쓸 수 있는 CMA 통장이나 수시입출식 통장으로 운용하는 것이 좋아요. CMA 통장은 상대적으로 금리가 높고, 수시입출식 통장 중에서도 비교적 높은 금리를 쳐주는 상품이 있으니 잘 골라보세요.

한편 충당금 통장도 용도별로 쪼개서 관리하면 더욱 세심하고 편리한 지출관리가 가능해요. 용도별로 쇼핑 통장, 경조사비 통장과 같이 통장 별명을 붙이고 예쁜 통장지갑에 꽂아두면 함부로 빼서 쓰는 일이 줄어들어요. 또 충당금 통장을 제외하고 가급적 통장에 연결되는 체크카드를 만들지 말고 인터넷 출금 금지를 설정해 고립시켜 두면 통장에서 돈 나가는 일이 별로 없을 거예요.

단리와 복리, 이자 계산법의 마술

이자를 계산하는 방법에는 크게 단리식과 복리식 2가지가 있다. 단리와 복리의 차이를 이해하면 왜 일찍 자산관리를 시작해야 하는지 알 수 있다. 단리는 단순히 '원금＋이자'를 주는 것이다. 하지만 복리는 '원금＋이자＋이자＋이자……' 이렇게 이자의 이자까지 준다. 예를 들어 1000만 원의 예금에 10%의 이자율을 적용하면 1년 후 이자는 1000만 원×10%＝100만 원이 된다. 이때 이자 100만 원을 빼면 원금 1000만 원이 남는다. 만일 1000만 원을 계속 예금에 묶어두면 다음 해에도 원금 1000만 원에 대한 이자가 계산된다. 이처럼 원금에 대해서만 이자율을 적용하는 이자 계산 방법이 단리식 이자 계산법이다. 복리식 이자 계산법은 이자를 찾아가지 않고 원금을 더 크게 불리는 방법이다. 즉, 1년 후에 불어난 100만 원의 이자를 원금에 합하면 다음 해의 새로운 원금은 1100만 원이 되고, 이자는 원금 1100만 원×10%＝110만 원이 된다. 이처럼 자산관리는 복리의 마술을 이용하여 긴 시간 공을 들이는 작업이 필요하다. 따라서 한 살이라도 젊을 때 시작하면 조금이라도 많은 자산을 축적할 수 있다.

돈의 흐름을 알아야 지출관리가 쉽다

돈의 흐름을 파악하는 것은 지출관리의 첫걸음이죠. 월급이 많든 적든 생활이 빠듯하게 느껴진다면 먼저 올바른 월급관리 방법을 실천하고 있는지 점검해 봐야 해요. 이때 현금흐름 관리가 필요한데 벌어들이는 수입과 소비하는 지출의 흐름, 즉 돈이 어디에서 들어와 어떻게 쓰이는지 분석하고 관리하는 것을 말해요.

현금흐름 관리의 목적은 벌어들인 돈을 소비로 소진하지 않고 생산적인 저축이나 투자로 연결하여 자산을 형성하는 밑거름으로 사용하도록 하는 데 있어요. 즉, 미래에 필요한 자금의 재원을 마련하기 위해 순자산이 매년 증가하는 구조를 만드는 것이죠. 순자산이 매년 증가한다면 재무적으로 건강하다고 볼 수 있어요. 반면에 지출이 많아 저축을 하지 못하면 순자산은 제자리걸음이거나 부채가 늘어 오히려 줄어들게 되겠죠.

올바른 현금흐름 관리를 통해 가족의 생계비에 차질이 생기지 않도록 하고, 예기치 않은 사태에 대비한 비상 예비 자금의 확보는 물론, 투자할 물건이 나왔을 때 즉시 실행에 옮길 수 있는 재원의 확보가 가능해져요. 또 자녀 교육자금, 은퇴자금과 같은 미래의 필요자금을 위한 재원을 마련할 수 있어요.

이렇게 돈의 흐름을 플러스(+)로 만든 후 생활비 등의 지출을 제외한 여유 자금을 하나씩 용도별로 만든 통장 주머니에 저축해 미래를 대비하는 것이 중요해요.

지출을 줄이고 저축을 늘리는 방법

재무상태표와 현금흐름표는 지출관리를 위한 가장 유용한 도구입니다. 현명한 지출관리를 하려면 먼저 개인의 재무상태부터 파악해야 해요. 우리 몸이 건강한지 진단하기 위해 정기적으로 건강검진을 받듯 가계가 재무적으로 건강한지, 문제가 있다면 어떤 처방을 내려야 하는지 알아보기 위해서는 먼저 개인 및 가계의 재무상태를 파악하고 진단해 봐야 해요. 이를 위해 가장 많이 활용하는 방법이 바로 재무상태표를 작성하는 것인데, 요령만 알아두면 누구나 혼자서도 할 수 있어요.

하나, 재무상태표 만들기

재무상태표는 일정 시점에서 개인의 재무상황을 나타낸 표로서 크게 자산, 부채, 자산에서 부채를 뺀 순자산의 상태를 기입한다. 우선 왼쪽에 자산 항목을 적고 오른쪽에 부채 항목을 기록한다. 자산의 종류는 크게 금융자산과 사용자산으로 나누고, 금융자산은 다시 현금자산, 투자자산, 보험자산으로 나뉜다. 사용자산은 현재 주거용으로 살고 있는 집이나 아파트, 자동차 등 사용 중인 자산을 기입하면 된다. 재무상태표에 표시할 금액은 작성일을 기준으로 하되 금융자산은 평가금액을 기입하고, 사용자산은 시세에 맞게 기재하면 된다.

부채란에는 단기와 중·장기 부채를 나누어 기입하고, 갚아야 할 대출잔액을 기입하도록 한다. 그런 다음 자산 총계에서 부채 합계를 빼고 남은 금액은 순자산 항목에 기입한다. 자산보다 부채가 더 많다면 빚을 지고 있는 상태로 재정이 불안정한 것이고, 순자산 금액이 많다면 자산을 모아가는 단계로 볼 수 있다.

둘, 현금흐름표 만들기

현금흐름표는 보통 1년 동안 현금이 들어오고 나가는 것을 나타낸 표다. 개인 및 가계의 현금흐름표는 현금의 유입과 유출로 요약된다. 즉, 개인의 수입과 지출 그리고 저축과 투자의 패턴으로 나타난다.

현금흐름표는 소득과 지출을 나누어 기입한 다음 수입에서 지출을 빼고 남는 것은 저축과 투자로 표시한다. 지출 항목을 적을 때는 고정지출과 변동지출로 나누어 작성하면 지출을 관리할 때 편리하다.

고정지출은 상시적이고 고정적으로 발생하는 항목으로 가계에서 그 금액을 쉽게 조절할 수 없는 비용이다. 예를 들면 대출 원리금, 아파트 관리비, 세금, 공과금 등이 여기에 해당한다. 반면에 변동지출은 마음만 먹으면 어느 정도 조정할 수 있는 비용이다.

현금흐름표의 총수입에서 총지출(기존의 저축과 투자 포함)을 빼고 남는 금액이 추가로 저축 가능한 금액이다. 매년 저축과 투자금액이 늘어나는 재무적으로 건강한 가계를 만들어보자.

※ 350~351쪽의 재무상태표와 현금흐름표를 작성할 때 이 내용을 참고하세요.

5단계 **인생계획**	5단계 **재무설계**
STEP 1 인생목표 세우기	STEP 1 재무목표 세우기
STEP 2 자아 분석하기	STEP 2 재무상태 분석하기
STEP 3 실천계획 세우기	STEP 3 실천계획 세우기
STEP 4 행동계획 세우기	STEP 4 행동계획 세우기
STEP 5 실행과 규칙적인 점검과 반성하기	STEP 5 실행과 규칙적인 점검과 반성하기

우리 집 경제지수 올리는 가계북 작성 팁

1 **매일매일 지출을 기록하고 한눈에 보는 주간 금전출납!** 〈여왕의 가계북〉은 앞서 언급한 '기록의 법칙'을 읽은 다음 시작하면 많은 도움이 됩니다. 먼저 매일매일 쓴 돈을 기록하는 것부터 시작 하세요. 그런 다음 한눈에 볼 수 있도록 한 주씩 합산을 해 기록합니다. 〈여왕의 가계북〉의 가장 좋은 점이 바로 한눈에 모든 숫자를 확인할 수 있다는 점입니다. 따라서 매일매일 지출에 중점을 두어 기록하고, 한 주씩 잘 정리해 추후 월말 정산의 기본 자료로 활용하세요.

2 **월말에는 정산하고, 3개월 주기로 결산하는 분기별 결산법!** 매일매일 기록한 내용으로 정리한 주 간 내용들은 '월말 정산'의 기본 자료가 됩니다. 앞서 '기록의 법칙'에서 언급한 것처럼 숫자로 기록하고, 숫자로 말하라고 했습니다. 또 월말 정산을 통해 나온 숫자를 가족과 공유하면 된다고 권유했습니다. 따라서 월말에는 1주씩 합산한 내용을 토대로 정산하는데, 각 항목별로 소계를 내 면 됩니다. 그런 다음 3개월마다 합산하는 '분기별 결산표'에 작성할 자료로 활용하세요.
기록하는 습관이 잘 된 사람들은 정확하게 기억하지 못하더라도 작성한 가계북을 열어보면 지나 간 행사나 일정을 비롯해 수입과 지출 등을 알 수 있습니다. 그러나 매일매일 기록한 내용이 너 무 많아 단번에 정리해서 총평을 말하기가 쉽지는 않습니다. 또 날짜별로 찾아서 확인해야 하는 번거로움이 있습니다. 따라서 월말과 분기별 정산법의 장치를 통해 잘 정리했다면 한결 찾아보 기 쉬울 것입니다. 이제부터 3개월마다 한 번씩, 1년에 4번 결산하는 3·1·4 툴을 활용하세요!

3 **한눈에 보는 우리 집 경제지도!** 2015년 마지막 날 혹은 새해 첫날에 '2016년을 위한 우리 집 경 제지도(본문 10쪽)'를 작성해 보세요. 한 해씩 이 기록물이 모이면 우리 집 살림경제를 위한 장기 플랜을 세울 수 있습니다. 마치 보물지도를 펼치듯 〈여왕의 가계북〉에 경제지도의 내용을 하나 씩 채워가면 됩니다.
먼저 2016년 우리 집 살림경제를 위한 목표를 타이틀로 정합니다. 그리고 목표를 달성하기 위해 단기 플랜을 짜는데, 월별로 항목에 따라 세부적인 계획을 적으면 됩니다. 이때 숫자로 표기하는 것을 잊지 않도록 합니다. 그런 다음 1년 뒤 2016년 마지막 날에 점검을 하면 됩니다.

4 **시크릿 타임캡슐!** 타임캡슐은 3개월마다 '나에게 쓰는 편지' 형식으로 구성됩니다. 기록해야 할 주요 내용은 '지출관리를 위한 쏨쏨이 계획'과 '3개월 단기 목표'입니다. 중요한 것은 담길 내 용일 것입니다. 가급적 그 내용으로 '긍정의 이슈'만을 다루기 바랍니다. 즉, 모두 3개월 후를 위한 미래지향적인 내용을 말입니다. 그런 다음 3개월 후 다시 오게 될 3개월을 생각하며 새로운 타임캡슐을 기록합니다. 이렇게 3개월마다 기록하고 3개월마다 열어보면 됩니다. 또한 새해 첫 날에 작성하고 2016년 마지막 날에 열어보는 타임캡슐(파트 3)도 마찬가지 방법으로 활용합니다.

PART 2

야무지게 적고 은밀하게 복 받는
2016 여왕의 가계북

Sunday	Monday	Tuesday	Wednesday
1	2 음 9.21	3	4
8 입동	9	10	11
15	16	17	18
22 음 10.11	23 소설	24	25
29	30		

Thursday	Friday	Saturday
5	6	7
12 음 10.1	13	14
19	20	21
26	27	28

12 December

Su	Mo	Tu	We	Th	Fr	Sa
		1	2	3	4	5
6	7	8	9	10	11	12
13	14	15	16	17	18	19
20	21	22	23	24	25	26
27	28	29	30	31		

01	일요일	02	융 9.21 월요일	03	화요일	04	수요일
수입 내용	금액	내용	금액	내용	금액	내용	금액
들어온 돈 총액		들어온 돈 총액		들어온 돈 총액		들어온 돈 총액	

■ 현금 사용　■ 카드 사용

지출 내용	금액	내용	금액	내용	금액	내용	금액
카드 사용 총액		카드 사용 총액		카드 사용 총액		카드 사용 총액	
현금 사용 총액		현금 사용 총액		현금 사용 총액		현금 사용 총액	
나간 돈 총액		나간 돈 총액		나간 돈 총액		나간 돈 총액	

05 목요일 | 06 금요일 | 07 토요일

내용	금액	내용	금액	내용	금액
들어온 돈 총액		들어온 돈 총액		들어온 돈 총액	

■ 현금 사용　■ 카드 사용

내용	금액	내용	금액	내용	금액
카드 사용 총액		카드 사용 총액		카드 사용 총액	
현금 사용 총액		현금 사용 총액		현금 사용 총액	
나간 돈 총액		나간 돈 총액		나간 돈 총액	

Weekly Total

11월 첫째 주 결산 내용

이번 주 지출 내역

고정지출

주택관련비	
공과금	
보험료	
세금	
통신비	

변동지출

교육비	
의류비	
의료비	
주식비	
외식비	
유흥비	
꾸밈비	
건강관리비	
문화생활비	
교통비	
차량유지비	
기타	

이번 주 재테크

저축	
투자	
연금	
보험	

수입 합계

지출 합계

카드 합계

현금 합계

08 입동 일요일		09 월요일		10 화요일		11 수요일	
수입 내용	금액	내용	금액	내용	금액	내용	금액
들어온 돈 총액		들어온 돈 총액		들어온 돈 총액		들어온 돈 총액	

■ 현금 사용　■ 카드 사용

지출 내용	금액	내용	금액	내용	금액	내용	금액
카드 사용 총액		카드 사용 총액		카드 사용 총액		카드 사용 총액	
현금 사용 총액		현금 사용 총액		현금 사용 총액		현금 사용 총액	
나간 돈 총액		나간 돈 총액		나간 돈 총액		나간 돈 총액	

12   음 10.1 목요일

내용	금액

들어온 돈 총액

■ 현금 사용   ■ 카드 사용

내용	금액

카드 사용 총액

현금 사용 총액

나간 돈 총액

13   금요일

내용	금액

들어온 돈 총액

내용	금액

카드 사용 총액

현금 사용 총액

나간 돈 총액

14   토요일

내용	금액

들어온 돈 총액

내용	금액

카드 사용 총액

현금 사용 총액

나간 돈 총액

11월 둘째 주 결산 내용

이번 주 지출 내역

고정지출

주택관련비

공과금

보험료

세금

통신비

변동지출

교육비

의류비

의료비

주식비

외식비

유흥비

꾸밈비

건강관리비

문화생활비

교통비

차량유지비

기타

이번 주 재테크

저축

투자

연금

보험

수입 합계

지출 합계

카드 합계

현금 합계

15		일요일	16		월요일	17		화요일	18		수요일
수입	내용	금액	내용	금액		내용	금액		내용	금액	
	들어온 돈 총액		들어온 돈 총액			들어온 돈 총액			들어온 돈 총액		

■ 현금 사용　■ 카드 사용

지출	내용	금액	내용	금액		내용	금액		내용	금액	
	카드 사용 총액		카드 사용 총액			카드 사용 총액			카드 사용 총액		
	현금 사용 총액		현금 사용 총액			현금 사용 총액			현금 사용 총액		
	나간 돈 총액		나간 돈 총액			나간 돈 총액			나간 돈 총액		

19	목요일	20	금요일	21	토요일
내용	금액	내용	금액	내용	금액
들어온 돈 총액		들어온 돈 총액		들어온 돈 총액	

■ 현금 사용   ■ 카드 사용

내용	금액	내용	금액	내용	금액
카드 사용 총액		카드 사용 총액		카드 사용 총액	
현금 사용 총액		현금 사용 총액		현금 사용 총액	
나간 돈 총액		나간 돈 총액		나간 돈 총액	

11월 셋째 주 결산 내용

이번 주 지출 내역

고정지출

주택관련비

공과금

보험료

세금

통신비

변동지출

교육비

의류비

의료비

주식비

외식비

유흥비

꾸밈비

건강관리비

문화생활비

교통비

차량유지비

기타

이번 주 재테크

저축

투자

연금

보험

수입 합계

지출 합계

카드 합계

현금 합계

<table>
<tr><td>11 22</td><td>음 10.11 일요일</td><td>23</td><td>소설 월요일</td><td>24</td><td>화요일</td><td>25</td><td>수요일</td></tr>
<tr><td>수입</td><td>내용 / 금액</td><td colspan="2">내용 / 금액</td><td colspan="2">내용 / 금액</td><td colspan="2">내용 / 금액</td></tr>
</table>

들어온 돈 총액   들어온 돈 총액   들어온 돈 총액   들어온 돈 총액

■ 현금 사용 　■ 카드 사용

지출	내용	금액	내용	금액	내용	금액	내용	금액

카드 사용 총액   카드 사용 총액   카드 사용 총액   카드 사용 총액

현금 사용 총액   현금 사용 총액   현금 사용 총액   현금 사용 총액

나간 돈 총액   나간 돈 총액   나간 돈 총액   나간 돈 총액

26	목요일	27	금요일	28	토요일
내용	금액	내용	금액	내용	금액

들어온 돈 총액 · 들어온 돈 총액 · 들어온 돈 총액

■ 현금 사용   ■ 카드 사용

내용	금액	내용	금액	내용	금액

카드 사용 총액 · 카드 사용 총액 · 카드 사용 총액

현금 사용 총액 · 현금 사용 총액 · 현금 사용 총액

나간 돈 총액 · 나간 돈 총액 · 나간 돈 총액

Weekly Total

11월 넷째 주 결산 내용

이번 주 지출 내역

고정지출

주택관련비

공과금

보험료

세금

통신비

변동지출

교육비

의류비

의료비

주식비

외식비

유흥비

꾸밈비

건강관리비

문화생활비

교통비

차량유지비

기타

이번 주 재테크

저축

투자

연금

보험

수입 합계

지출 합계

카드 합계

현금 합계

11	**29**		일요일	**30**		월요일
수입	내용	금액		내용	금액	

| 들어온 돈 총액 | | | 들어온 돈 총액 | | |

■ 현금 사용 ■ 카드 사용

지출	내용	금액		내용	금액	

카드 사용 총액			카드 사용 총액		
현금 사용 총액			현금 사용 총액		
나간 돈 총액			나간 돈 총액		

11월 마지막 주 결산 내용

이번 주 지출 내역

고정지출

주택관련비

공과금

보험료

세금

통신비

변동지출

교육비

의류비

의료비

주식비

외식비

유흥비

꾸밈비

건강관리비

문화생활비

교통비

차량유지비

기타

이번 주 재테크

저축

투자

연금

보험

수입 합계

지출 합계

카드 합계

현금 합계

ISA보다
연금 세액공제한도부터 채워라

2016년부터 도입되는 개인종합자산관리계좌(ISA)는 근로소득 및 사업소득이 있는 자로 연간 2000만 원 납입한도에 의무 가입기간이 5년인 상품입니다. '만능통장'이라고 불리기도 하는 ISA는 예금과 적금, 펀드, 상장지수펀드(ETF), 주가연계증권(ELS), 파생연계증권(DLS) 등을 자유롭게 담을 수 있어 다양한 포트폴리오를 구성할 수 있는 장점이 있어요. 세제 혜택은 의무 납입기간 5년 동안의 수익 중 200만 원까지 비과세가 적용되고, 200만 원을 초과한 수익에는 9.9%의 분리과세가 적용됩니다.

하지만 가입자격이 제한적이고 중도 인출이 어려운 데다, 세제 혜택 면에서 기존 소장펀드나 재형저축(이상 2015년 일몰)보다 유리할 것이 없어 아직은 보완할 점이 적지 않은 상품이에요. 따라서 연금 상품의 700만 원 한도를 먼저 채우거나 2015년을 끝으로 사라지는 재형저축, 소장펀드에 가입하는 것이 유리해요.

	항목	내용	사용처	날짜	금액	결제방식
주택관련비	주거비(월세)					
	대출(이자1)					
	대출(이자2)					
	주 택 관 련 비 소 계					
공과금	관리비					
	가스					
	전기					
	수도					
	공 과 금 소 계					
통신비	휴대폰					
	인터넷					
	TV 통신망					
	집전화					
	통 신 비 소 계					
보장성보험료	암보험					
	의료실비보험					
	종신보험					
	주택화재보험					
	기타					
	보 장 성 보 험 료 소 계					
건강관리비	병원비					
	약재비					
	건강보조제 구입					
	헬스이용권					
	기타					
	건 강 관 리 비 소 계					

항목		내용	사용처	날짜	금액	결제방식
교통비	버스·지하철					
	택시					
	기타					
교 통 비 소 계						
차량유지비	자동차보험					
	유류비					
	특별비					
	기타					
차 량 유 지 비 소 계						
문화생활비	도서					
	공연					
	여행					
	기타					
문 화 생 활 비 소 계						
패션뷰티꾸밈비	의류					
	액세서리					
	헤어					
	뷰티					
	기타					
패 션 뷰 티 꾸 밈 비 소 계						
장보기·식비	대형마트					
	시장					
	인터넷 쇼핑몰					
	TV 홈쇼핑					
	외식					
장 보 기 · 식 비 소 계						

11	항목	내용	사용처	날짜	금액	결제방식
유흥비	가족 모임					
	지인 모임					
	기타					
유 흥 비 소 계						
부모님 봉양비	용돈					
	물품					
	의료					
	기타					
부 모 님 봉 양 비 소 계						
자녀 양육비	용돈					
	교재비					
	교육비					
	기타					
자 녀 양 육 비 소 계						
기타 활동비	종교생활					
	경조사비					
	기부금					
	선물					
	기타					
기 타 활 동 비 소 계						
장기 할부	가전·가구					
	패션·뷰티					
	건강보조용품					
	주방생활용품					
	기타					
장 기 할 부 소 계						

■ 한눈에 보는 2015년 11월 우리 집 수입과 지출

	항목	내용	수입원	날짜	금액	비고
수입	근로소득					
	자산운용소득 (이자 · 배당)					
	임대소득					
	기타소득					
				수 입 합 계		

	항목	내용	운용처	날짜	금액	비고
재테크	부동산					
	저축					
	투자성 상품					
	저축성 보험					
	기타					
				재 테 크 합 계		

	항목	내용	납부처	날짜	금액	비고
세금	세금1					
	세금2					
	세금3					
	세금4					
	세금5					
				세 금 합 계		

MEMO

Sunday	Monday	Tuesday	Wednesday
		1	2 음 10.21
6	7 대설	8	9
13	14	15	16
20	21 음 11.11	22 동지	23
27	28	29	30

Thursday	Friday	Saturday
3	4	5
10	11 음 11.1	12
17	18	19
24	25 성탄절	26
31 음 11.21		

11 November

Su	Mo	Tu	We	Th	Fr	Sa
1	2	3	4	5	6	7
8	9	10	11	12	13	14
15	16	17	18	19	20	21
22	23	24	25	26	27	28
29	30					

1 January

Su	Mo	Tu	We	Th	Fr	Sa
					1	2
3	4	5	6	7	8	9
10	11	12	13	14	15	16
17	18	19	20	21	22	23
24	25	26	27	28	29	30
31						

01		화요일	02		음 10.21 수요일
수입	내용	금액	내용		금액
	들어온 돈 총액		들어온 돈 총액		

■ 현금 사용 ■ 카드 사용

지출	내용	금액	내용	금액
		■ ■		■ ■
		■ ■		■ ■
		■ ■		■ ■
		■ ■		■ ■
		■ ■		■ ■
		■ ■		■ ■
		■ ■		■ ■
		■ ■		■ ■
		■ ■		■ ■
		■ ■		■ ■
		■ ■		■ ■
		■ ■		■ ■
	카드 사용 총액		카드 사용 총액	
	현금 사용 총액		현금 사용 총액	
	나간 돈 총액		나간 돈 총액	

03	목요일	04	금요일	05	토요일
내용	금액	내용	금액	내용	금액

| 들어온 돈 총액 | | 들어온 돈 총액 | | 들어온 돈 총액 | |

■ 현금 사용   ■ 카드 사용

내용	금액	내용	금액	내용	금액

카드 사용 총액		카드 사용 총액		카드 사용 총액	
현금 사용 총액		현금 사용 총액		현금 사용 총액	
나간 돈 총액		나간 돈 총액		나간 돈 총액	

12월 첫째 주 결산 내용

이번 주 지출 내역

고정지출

주택관련비

공과금

보험료

세금

통신비

변동지출

교육비

의류비

의료비

주식비

외식비

유흥비

꾸밈비

건강관리비

문화생활비

교통비

차량유지비

기타

이번 주 재테크

저축

투자

연금

보험

수입 합계

지출 합계

카드 합계

현금 합계

06		일요일	07		대설 월요일	08		화요일	09		수요일

수입	내용	금액	내용	금액	내용	금액	내용	금액
	들어온 돈 총액		들어온 돈 총액		들어온 돈 총액		들어온 돈 총액	

■ 현금 사용   ■ 카드 사용

지출	내용	금액	내용	금액	내용	금액	내용	금액
	카드 사용 총액		카드 사용 총액		카드 사용 총액		카드 사용 총액	
	현금 사용 총액		현금 사용 총액		현금 사용 총액		현금 사용 총액	
	나간 돈 총액		나간 돈 총액		나간 돈 총액		나간 돈 총액	

10	목요일	11	음 11.1 금요일	12	토요일
내용	금액	내용	금액	내용	금액
들어온 돈 총액		들어온 돈 총액		들어온 돈 총액	

■ 현금 사용   ■ 카드 사용

내용	금액	내용	금액	내용	금액
카드 사용 총액		카드 사용 총액		카드 사용 총액	
현금 사용 총액		현금 사용 총액		현금 사용 총액	
나간 돈 총액		나간 돈 총액		나간 돈 총액	

12월 둘째 주 결산 내용

이번 주 지출 내역

고정지출
주택관련비
공과금
보험료
세금
통신비

변동지출
교육비
의류비
의료비
주식비
외식비
유흥비
꾸밈비
건강관리비
문화생활비
교통비
차량유지비
기타

이번 주 재테크
저축
투자
연금
보험

수입 합계
지출 합계
카드 합계
현금 합계

12 DECEMBER

13 일요일		14 월요일		15 화요일		16 수요일	
수입 내용	금액	내용	금액	내용	금액	내용	금액
들어온 돈 총액		들어온 돈 총액		들어온 돈 총액		들어온 돈 총액	

■ 현금 사용　■ 카드 사용

지출 내용	금액	내용	금액	내용	금액	내용	금액
카드 사용 총액		카드 사용 총액		카드 사용 총액		카드 사용 총액	
현금 사용 총액		현금 사용 총액		현금 사용 총액		현금 사용 총액	
나간 돈 총액		나간 돈 총액		나간 돈 총액		나간 돈 총액	

<table>
<tr><td colspan="2">17 목요일</td><td colspan="2">18 금요일</td><td colspan="2">19 토요일</td></tr>
<tr><td>내용</td><td>금액</td><td>내용</td><td>금액</td><td>내용</td><td>금액</td></tr>
</table>

| 들어온 돈 총액 | | 들어온 돈 총액 | | 들어온 돈 총액 | |

■ 현금 사용 ■ 카드 사용

내용	금액	내용	금액	내용	금액

카드 사용 총액		카드 사용 총액		카드 사용 총액	
현금 사용 총액		현금 사용 총액		현금 사용 총액	
나간 돈 총액		나간 돈 총액		나간 돈 총액	

12월 셋째 주 결산 내용

이번 주 지출 내역

고정지출

주택관련비

공과금

보험료

세금

통신비

변동지출

교육비

의류비

의료비

주식비

외식비

유흥비

꾸밈비

건강관리비

문화생활비

교통비

차량유지비

기타

이번 주 재테크

저축

투자

연금

보험

수입 합계
지출 합계
카드 합계

현금 합계

20	일요일	21	율 11.11 월요일	22	동지 화요일	23	수요일
수입 내용	금액	내용	금액	내용	금액	내용	금액
들어온 돈 총액		들어온 돈 총액		들어온 돈 총액		들어온 돈 총액	

■ 현금 사용　■ 카드 사용

지출 내용	금액	내용	금액	내용	금액	내용	금액
카드 사용 총액		카드 사용 총액		카드 사용 총액		카드 사용 총액	
현금 사용 총액		현금 사용 총액		현금 사용 총액		현금 사용 총액	
나간 돈 총액		나간 돈 총액		나간 돈 총액		나간 돈 총액	

24		목요일	25		성탄절 금요일	26		토요일
내용	금액		내용	금액		내용	금액	

들어온 돈 총액   들어온 돈 총액   들어온 돈 총액

■ 현금 사용 ■ 카드 사용

내용	금액	내용	금액	내용	금액

카드 사용 총액

현금 사용 총액

나간 돈 총액

12월 넷째 주 결산 내용

이번 주 지출 내역

고정지출

주택관련비

공과금

보험료

세금

통신비

변동지출

교육비

의류비

의료비

주식비

외식비

유흥비

꾸밈비

건강관리비

문화생활비

교통비

차량유지비

기타

이번 주 재테크

저축

투자

연금

보험

수입 합계

지출 합계

카드 합계

현금 합계

<table>
<tr><td rowspan="2">12</td><td colspan="2">27 일요일</td><td colspan="2">28 월요일</td><td colspan="2">29 화요일</td><td colspan="2">30 수요일</td></tr>
<tr></tr>
<tr><td>수입</td><td>내용</td><td>금액</td><td>내용</td><td>금액</td><td>내용</td><td>금액</td><td>내용</td><td>금액</td></tr>
<tr><td></td><td colspan="2">들어온 돈 총액</td><td colspan="2">들어온 돈 총액</td><td colspan="2">들어온 돈 총액</td><td colspan="2">들어온 돈 총액</td></tr>
<tr><td>지출</td><td>내용</td><td>금액</td><td>내용</td><td>금액</td><td>내용</td><td>금액</td><td>내용</td><td>금액</td></tr>
<tr><td></td><td colspan="2">카드 사용 총액</td><td colspan="2">카드 사용 총액</td><td colspan="2">카드 사용 총액</td><td colspan="2">카드 사용 총액</td></tr>
<tr><td></td><td colspan="2">현금 사용 총액</td><td colspan="2">현금 사용 총액</td><td colspan="2">현금 사용 총액</td><td colspan="2">현금 사용 총액</td></tr>
<tr><td></td><td colspan="2">나간 돈 총액</td><td colspan="2">나간 돈 총액</td><td colspan="2">나간 돈 총액</td><td colspan="2">나간 돈 총액</td></tr>
</table>

■ 현금 사용　■ 카드 사용

31
음 11.21 목요일

내용	금액
들어온 돈 총액	

■ 현금 사용　■ 카드 사용

내용	금액	
		■
		■
		■
		■
		■
		■
		■
		■
		■
		■
		■
		■
		■
		■
		■
		■
		■
카드 사용 총액		
현금 사용 총액		
나간 돈 총액		

12월 마지막 주 결산 내용

이번 주 지출 내역

고정지출

주택관련비	
공과금	
보험료	
세금	
통신비	

변동지출

교육비	
의류비	
의료비	
주식비	
외식비	
유흥비	
꾸밈비	
건강관리비	
문화생활비	
교통비	
차량유지비	
기타	

이번 주 재테크

저축	
투자	
연금	
보험	

수입 합계

지출 합계

카드 합계	
현금 합계	

<table>
<tr><td>12</td><td>항목</td><td>내용</td><td>사용처</td><td>날짜</td><td>금액</td><td>결제방식</td></tr>
<tr><td rowspan="3">주
택
관
련
비</td><td>주거비(월세)</td><td></td><td></td><td></td><td></td><td></td></tr>
<tr><td>대출(이자1)</td><td></td><td></td><td></td><td></td><td></td></tr>
<tr><td>대출(이자2)</td><td></td><td></td><td></td><td></td><td></td></tr>
<tr><td colspan="5" align="center">주 택 관 련 비   소 계</td><td></td><td></td></tr>
<tr><td rowspan="4">공
과
금</td><td>관리비</td><td></td><td></td><td></td><td></td><td></td></tr>
<tr><td>가스</td><td></td><td></td><td></td><td></td><td></td></tr>
<tr><td>전기</td><td></td><td></td><td></td><td></td><td></td></tr>
<tr><td>수도</td><td></td><td></td><td></td><td></td><td></td></tr>
<tr><td colspan="5" align="center">공 과 금   소 계</td><td></td><td></td></tr>
<tr><td rowspan="4">통
신
비</td><td>휴대폰</td><td></td><td></td><td></td><td></td><td></td></tr>
<tr><td>인터넷</td><td></td><td></td><td></td><td></td><td></td></tr>
<tr><td>TV 통신망</td><td></td><td></td><td></td><td></td><td></td></tr>
<tr><td>집전화</td><td></td><td></td><td></td><td></td><td></td></tr>
<tr><td colspan="5" align="center">통 신 비   소 계</td><td></td><td></td></tr>
<tr><td rowspan="5">보
장
성
보
험
료</td><td>암보험</td><td></td><td></td><td></td><td></td><td></td></tr>
<tr><td>의료실비보험</td><td></td><td></td><td></td><td></td><td></td></tr>
<tr><td>종신보험</td><td></td><td></td><td></td><td></td><td></td></tr>
<tr><td>주택화재보험</td><td></td><td></td><td></td><td></td><td></td></tr>
<tr><td>기타</td><td></td><td></td><td></td><td></td><td></td></tr>
<tr><td colspan="5" align="center">보 장 성   보 험 료   소 계</td><td></td><td></td></tr>
<tr><td rowspan="5">건
강
관
리
비</td><td>병원비</td><td></td><td></td><td></td><td></td><td></td></tr>
<tr><td>약재비</td><td></td><td></td><td></td><td></td><td></td></tr>
<tr><td>건강보조제 구입</td><td></td><td></td><td></td><td></td><td></td></tr>
<tr><td>헬스이용권</td><td></td><td></td><td></td><td></td><td></td></tr>
<tr><td>기타</td><td></td><td></td><td></td><td></td><td></td></tr>
<tr><td colspan="5" align="center">건 강 관 리 비   소 계</td><td></td><td></td></tr>
</table>

■ 한눈에 보는 2015년 12월 우리 집 수입과 지출

항목		내용	사용처	날짜	금액	결제방식
교통비	버스 · 지하철					
	택시					
	기타					
교 통 비 소 계						
차량유지비	자동차보험					
	유류비					
	특별비					
	기타					
차 량 유 지 비 소 계						
문화생활비	도서					
	공연					
	여행					
	기타					
문 화 생 활 비 소 계						
패션뷰티꾸밈비	의류					
	액세서리					
	헤어					
	뷰티					
	기타					
패 션 뷰 티 꾸 밈 비 소 계						
장보기 · 식비	대형마트					
	시장					
	인터넷 쇼핑몰					
	TV 홈쇼핑					
	외식					
장 보 기 · 식 비 소 계						

12	항목	내용	사용처	날짜	금액	결제방식
유흥비	가족 모임					
	지인 모임					
	기타					
유 흥 비 소 계						
부모님 봉양비	용돈					
	물품					
	의료					
	기타					
부 모 님 봉 양 비 소 계						
자녀 양육비	용돈					
	교재비					
	교육비					
	기타					
자 녀 양 육 비 소 계						
기타 활동비	종교생활					
	경조사비					
	기부금					
	선물					
	기타					
기 타 활 동 비 소 계						
장기 할부	가전 · 가구					
	패션 · 뷰티					
	건강보조용품					
	주방생활용품					
	기타					
장 기 할 부 소 계						

■ 한눈에 보는 2015년 12월 우리 집 수입과 지출

	항목	내용	수입원	날짜	금액	비고
수입	근로소득					
	자산운용소득 (이자 · 배당)					
	임대소득					
	기타소득					
			수 입 합 계			

	항목	내용	운용처	날짜	금액	비고
재테크	부동산					
	저축					
	투자성 상품					
	저축성 보험					
	기타					
			재 테 크 합 계			

	항목	내용	납부처	날짜	금액	비고
세금	세금1					
	세금2					
	세금3					
	세금4					
	세금5					
			세 금 합 계			

MEMO

2016

1 January

Su	Mo	Tu	We	Th	Fr	Sa
					1	2
3	4	5	6	7	8	9
10	11	12	13	14	15	16
17	18	19	20	21	22	23
24	25	26	27	28	29	30
31						

2 February

Su	Mo	Tu	We	Th	Fr	Sa
	1	2	3	4	5	6
7	8	9	10	11	12	13
14	15	16	17	18	19	20
21	22	23	24	25	26	27
28	29					

3 March

Su	Mo	Tu	We	Th	Fr	Sa
		1	2	3	4	5
6	7	8	9	10	11	12
13	14	15	16	17	18	19
20	21	22	23	24	25	26
27	28	29	30	31		

4 April

Su	Mo	Tu	We	Th	Fr	Sa
					1	2
3	4	5	6	7	8	9
10	11	12	13	14	15	16
17	18	19	20	21	22	23
24	25	26	27	28	29	30

5 May

Su	Mo	Tu	We	Th	Fr	Sa
1	2	3	4	5	6	7
8	9	10	11	12	13	14
15	16	17	18	19	20	21
22	23	24	25	26	27	28
29	30	31				

6 June

Su	Mo	Tu	We	Th	Fr	Sa
			1	2	3	4
5	6	7	8	9	10	11
12	13	14	15	16	17	18
19	20	21	22	23	24	25
26	27	28	29	30		

7 July

Su	Mo	Tu	We	Th	Fr	Sa
					1	2
3	4	5	6	7	8	9
10	11	12	13	14	15	16
17	18	19	20	21	22	23
24	25	26	27	28	29	30
31						

8 August

Su	Mo	Tu	We	Th	Fr	Sa
	1	2	3	4	5	6
7	8	9	10	11	12	13
14	15	16	17	18	19	20
21	22	23	24	25	26	27
28	29	30	31			

9 September

Su	Mo	Tu	We	Th	Fr	Sa
				1	2	3
4	5	6	7	8	9	10
11	12	13	14	15	16	17
18	19	20	21	22	23	24
25	26	27	28	29	30	

10 October

Su	Mo	Tu	We	Th	Fr	Sa
						1
2	3	4	5	6	7	8
9	10	11	12	13	14	15
16	17	18	19	20	21	22
23	24	25	26	27	28	29
30	31					

11 November

Su	Mo	Tu	We	Th	Fr	Sa
		1	2	3	4	5
6	7	8	9	10	11	12
13	14	15	16	17	18	19
20	21	22	23	24	25	26
27	28	29	30			

12 December

Su	Mo	Tu	We	Th	Fr	Sa
				1	2	3
4	5	6	7	8	9	10
11	12	13	14	15	16	17
18	19	20	21	22	23	24
25	26	27	28	29	30	31

2017

1 January

Su	Mo	Tu	We	Th	Fr	Sa
1	2	3	4	5	6	7
8	9	10	11	12	13	14
15	16	17	18	19	20	21
22	23	24	25	26	27	28
29	30	31				

2 February

Su	Mo	Tu	We	Th	Fr	Sa
			1	2	3	4
5	6	7	8	9	10	11
12	13	14	15	16	17	18
19	20	21	22	23	24	25
26	27	28				

3 March

Su	Mo	Tu	We	Th	Fr	Sa
			1	2	3	4
5	6	7	8	9	10	11
12	13	14	15	16	17	18
19	20	21	22	23	24	25
26	27	28	29	30	31	

4 April

Su	Mo	Tu	We	Th	Fr	Sa
						1
2	3	4	5	6	7	8
9	10	11	12	13	14	15
16	17	18	19	20	21	22
23	24	25	26	27	28	29
30						

5 May

Su	Mo	Tu	We	Th	Fr	Sa
	1	2	3	4	5	6
7	8	9	10	11	12	13
14	15	16	17	18	19	20
21	22	23	24	25	26	27
28	29	30	31			

6 June

Su	Mo	Tu	We	Th	Fr	Sa
				1	2	3
4	5	6	7	8	9	10
11	12	13	14	15	16	17
18	19	20	21	22	23	24
25	26	27	28	29	30	

7 July

Su	Mo	Tu	We	Th	Fr	Sa
						1
2	3	4	5	6	7	8
9	10	11	12	13	14	15
16	17	18	19	20	21	22
23	24	25	26	27	28	29
30	31					

8 August

Su	Mo	Tu	We	Th	Fr	Sa
		1	2	3	4	5
6	7	8	9	10	11	12
13	14	15	16	17	18	19
20	21	22	23	24	25	26
27	28	29	30	31		

9 September

Su	Mo	Tu	We	Th	Fr	Sa
					1	2
3	4	5	6	7	8	9
10	11	12	13	14	15	16
17	18	19	20	21	22	23
24	25	26	27	28	29	30

10 October

Su	Mo	Tu	We	Th	Fr	Sa
1	2	3	4	5	6	7
8	9	10	11	12	13	14
15	16	17	18	19	20	21
22	23	24	25	26	27	28
29	30	31				

11 November

Su	Mo	Tu	We	Th	Fr	Sa
			1	2	3	4
5	6	7	8	9	10	11
12	13	14	15	16	17	18
19	20	21	22	23	24	25
26	27	28	29	30		

12 December

Su	Mo	Tu	We	Th	Fr	Sa
					1	2
3	4	5	6	7	8	9
10	11	12	13	14	15	16
17	18	19	20	21	22	23
24	25	26	27	28	29	30
31						

Sunday	Monday	Tuesday	Wednesday
3	4	5	6 소한
10 음 12.1	11	12	13
17	18	19	20 음 12.11
24 31	25	26	27

Thursday	Friday	Saturday
	1 신정	2
7	8	9
14	15	16
21 대한	22	23
28	29	30 (음) 12.21

JANUARY

1

2 0 1 6

12 December

Su	Mo	Tu	We	Th	Fr	Sa
		1	2	3	4	5
6	7	8	9	10	11	12
13	14	15	16	17	18	19
20	21	22	23	24	25	26
27	28	29	30	31		

2 February

Su	Mo	Tu	We	Th	Fr	Sa
	1	2	3	4	5	6
7	8	9	10	11	12	13
14	15	16	17	18	19	20
21	22	23	24	25	26	27
28	29					

2016 1분기 타임캡슐

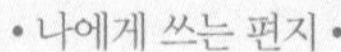

• 나에게 쓰는 편지 •

To.

지출관리를 위한 씀씀이 계획

3개월 단기 목표

2016년 월 일

from .

1	01		신정 금요일	02		토요일
수입	내용	금액		내용	금액	
	들어온 돈 총액			들어온 돈 총액		

■ 현금 사용   ■ 카드 사용

지출	내용	금액		내용	금액	
			■ ■			■ ■
			■ ■			■ ■
			■ ■			■ ■
			■ ■			■ ■
			■ ■			■ ■
			■ ■			■ ■
			■ ■			■ ■
			■ ■			■ ■
			■ ■			■ ■
			■ ■			■ ■
	카드 사용 총액			카드 사용 총액		
	현금 사용 총액			현금 사용 총액		
	나간 돈 총액			나간 돈 총액		

1월 첫째 주 결산 내용

이번 주 지출 내역

고정지출

주택관련비

공과금

보험료

세금

통신비

변동지출

교육비

의류비

의료비

주식비

외식비

유흥비

꾸밈비

건강관리비

문화생활비

교통비

차량유지비

기타

이번 주 재테크

저축

투자

연금

보험

수입 합계

지출 합계

카드 합계

현금 합계

JANUARY

03	일요일	04	월요일	05	화요일	06	소한 수요일

수입	내용	금액	내용	금액	내용	금액	내용	금액

들어온 돈 총액 · 들어온 돈 총액 · 들어온 돈 총액 · 들어온 돈 총액

■ 현금 사용　■ 카드 사용

지출	내용	금액	내용	금액	내용	금액	내용	금액

카드 사용 총액 · 카드 사용 총액 · 카드 사용 총액 · 카드 사용 총액

현금 사용 총액 · 현금 사용 총액 · 현금 사용 총액 · 현금 사용 총액

나간 돈 총액 · 나간 돈 총액 · 나간 돈 총액 · 나간 돈 총액

07	목요일	**08**	금요일	**09**	토요일

내용	금액	내용	금액	내용	금액

들어온 돈 총액 | 들어온 돈 총액 | 들어온 돈 총액

■ 현금 사용 ■ 카드 사용

내용	금액	내용	금액	내용	금액

카드 사용 총액 | 카드 사용 총액 | 카드 사용 총액

현금 사용 총액 | 현금 사용 총액 | 현금 사용 총액

나간 돈 총액 | 나간 돈 총액 | 나간 돈 총액

Weekly Total

1월 둘째 주 결산 내용

이번 주 지출 내역

고정지출

주택관련비

공과금

보험료

세금

통신비

변동지출

교육비

의류비

의료비

주식비

외식비

유흥비

꾸밈비

건강관리비

문화생활비

교통비

차량유지비

기타

이번 주 재테크

저축

투자

연금

보험

수입 합계

지출 합계

카드 합계

현금 합계

10	음 12.1 일요일	11	월요일	12	화요일	13	수요일

수입	내용	금액	내용	금액	내용	금액	내용	금액

들어온 돈 총액 · 들어온 돈 총액 · 들어온 돈 총액 · 들어온 돈 총액

■ 현금 사용　■ 카드 사용

지출	내용	금액	내용	금액	내용	금액	내용	금액

카드 사용 총액 · 카드 사용 총액 · 카드 사용 총액 · 카드 사용 총액

현금 사용 총액 · 현금 사용 총액 · 현금 사용 총액 · 현금 사용 총액

나간 돈 총액 · 나간 돈 총액 · 나간 돈 총액 · 나간 돈 총액

Weekly Total

1월 셋째 주 결산 내용

이번 주 지출 내역

14	목요일	15	금요일	16	토요일
내용	금액	내용	금액	내용	금액

| 들어온 돈 총액 | | 들어온 돈 총액 | | 들어온 돈 총액 | |

■ 현금 사용 ■ 카드 사용

내용	금액	내용	금액	내용	금액

카드 사용 총액		카드 사용 총액		카드 사용 총액	
현금 사용 총액		현금 사용 총액		현금 사용 총액	
나간 돈 총액		나간 돈 총액		나간 돈 총액	

고정지출

주택관련비

공과금

보험료

세금

통신비

변동지출

교육비

의류비

의료비

주식비

외식비

유흥비

꾸밈비

건강관리비

문화생활비

교통비

차량유지비

기타

이번 주 재테크

저축

투자

연금

보험

수입 합계

지출 합계

카드 합계

현금 합계

1	**17** 일요일		**18** 월요일		**19** 화요일		**20** ㈜ 12.11 수요일	
수입	내용	금액	내용	금액	내용	금액	내용	금액
	들어온 돈 총액		들어온 돈 총액		들어온 돈 총액		들어온 돈 총액	

■ 현금 사용　■ 카드 사용

지출	내용	금액	내용	금액	내용	금액	내용	금액
	카드 사용 총액		카드 사용 총액		카드 사용 총액		카드 사용 총액	
	현금 사용 총액		현금 사용 총액		현금 사용 총액		현금 사용 총액	
	나간 돈 총액		나간 돈 총액		나간 돈 총액		나간 돈 총액	

21	대한 목요일	**22**	금요일	**23**	토요일
내용	금액	내용	금액	내용	금액
들어온 돈 총액		들어온 돈 총액		들어온 돈 총액	

■ 현금 사용　■ 카드 사용

내용	금액	내용	금액	내용	금액
카드 사용 총액		카드 사용 총액		카드 사용 총액	
현금 사용 총액		현금 사용 총액		현금 사용 총액	
나간 돈 총액		나간 돈 총액		나간 돈 총액	

1월 넷째 주 결산 내용

이번 주 지출 내역

고정지출

주택관련비	
공과금	
보험료	
세금	
통신비	

변동지출

교육비	
의류비	
의료비	
주식비	
외식비	
유흥비	
꾸밈비	
건강관리비	
문화생활비	
교통비	
차량유지비	
기타	

이번 주 재테크

저축	
투자	
연금	
보험	

수입 합계

지출 합계

카드 합계	
현금 합계	

1 JANUARY

24	일요일	25	월요일	26	화요일	27	수요일

수입

내용	금액	내용	금액	내용	금액	내용	금액
들어온 돈 총액		들어온 돈 총액		들어온 돈 총액		들어온 돈 총액	

■ 현금 사용　■ 카드 사용

지출

내용	금액	내용	금액	내용	금액	내용	금액
카드 사용 총액		카드 사용 총액		카드 사용 총액		카드 사용 총액	
현금 사용 총액		현금 사용 총액		현금 사용 총액		현금 사용 총액	
나간 돈 총액		나간 돈 총액		나간 돈 총액		나간 돈 총액	

28 목요일		29 금요일		30 (음 12.21) 토요일	
내용	금액	내용	금액	내용	금액
들어온 돈 총액		들어온 돈 총액		들어온 돈 총액	

■ 현금 사용　■ 카드 사용

내용	금액	내용	금액	내용	금액
카드 사용 총액		카드 사용 총액		카드 사용 총액	
현금 사용 총액		현금 사용 총액		현금 사용 총액	
나간 돈 총액		나간 돈 총액		나간 돈 총액	

Weekly Total

1월 다섯째 주 결산 내용

이번 주 지출 내역

고정지출

주택관련비

공과금

보험료

세금

통신비

변동지출

교육비

의류비

의료비

주식비

외식비

유흥비

꾸밈비

건강관리비

문화생활비

교통비

차량유지비

기타

이번 주 재테크

저축

투자

연금

보험

수입 합계

지출 합계

카드 합계

현금 합계

<table>
<tr><td>1 31</td><td>일요일</td></tr>
</table>

수입	내용	금액
	들어온 돈 총액	

■ 현금 사용　■ 카드 사용

지출	내용	금액
		■
		■
		■
		■
		■
		■
		■
		■
		■
		■
		■
		■
		■
		■
		■
		■
		■
		■
		■
		■
		■
		■
		■
		■
	카드 사용 총액	
	현금 사용 총액	
	나간 돈 총액	

1월 마지막 날 결산 내용

이번 주 지출 내역

고정지출

주택관련비

공과금

보험료

세금

통신비

변동지출

교육비

의류비

의료비

주식비

외식비

유흥비

꾸밈비

건강관리비

문화생활비

교통비

차량유지비

기타

이번 주 재테크

저축

투자

연금

보험

수입 합계

지출 합계

카드 합계

현금 합계

무조건 체크카드? No!
카드 소비의 황금비율을 지키자

연말정산에서 신용카드의 공제율은 15%, 체크카드의 공제율은 2배인 30%이므로 체크카드를 잘 쓰는 게 중요해요. 특히 2015년 7월부터 2016년 6월까지 현금으로 소비한 돈이 지난해보다 증가한 경우 증가분에 대해 기존보다 20% 높은 50%의 소득공제율을 적용해요. 그렇다고 체크카드만 사용하기에는 각종 할인과 포인트 적립 등 신용카드가 제공하는 부가 혜택을 누리지 못하는 것도 아깝죠.

실제로 체크카드만 쓴다고 돌려받는 돈이 많아지는 것은 아니에요. 바뀐 세법에 따르면 연 소득의 25% 이상 사용분부터 소득공제가 시작되므로 연봉의 25%까지는 각종 혜택이 좋은 신용카드를 쓰고, 나머지는 체크카드나 현금을 사용하는 게 유리해요. 공제 한도는 300만 원이지만, 전통시장과 대중교통 사용액으로 100만 원씩 추가로 공제해 주므로 이것까지 챙기면 최대 200만 원을 더 공제 받을 수 있어요.

★ 우리 집 카드 리스트와 연간 사용액 설정하기

1	항목	내용	사용처	날짜	금액	결제방식
주택관련비	주거비(월세)					
	대출(이자1)					
	대출(이자2)					
주 택 관 련 비 소 계						
공과금	관리비					
	가스					
	전기					
	수도					
공 과 금 소 계						
통신비	휴대폰					
	인터넷					
	TV 통신망					
	집전화					
통 신 비 소 계						
보장성보험료	암보험					
	의료실비보험					
	종신보험					
	주택화재보험					
	기타					
보 장 성 보 험 료 소 계						
건강관리비	병원비					
	약재비					
	건강보조제 구입					
	헬스이용권					
	기타					
건 강 관 리 비 소 계						

M o n t h l y
T o t a l

항목		내용	사용처	날짜	금액	결제방식
교통비	버스 · 지하철					
	택시					
	기타					
	교 통 비 　소 계					
차량유지비	자동차보험					
	유류비					
	특별비					
	기타					
	차 량 유 지 비 　소 계					
문화생활비	도서					
	공연					
	여행					
	기타					
	문 화 생 활 비 　소 계					
패션뷰티꾸밈비	의류					
	액세서리					
	헤어					
	뷰티					
	기타					
	패 션 뷰 티 　꾸 밈 비 　소 계					
장보기 · 식비	대형마트					
	시장					
	인터넷 쇼핑몰					
	TV 홈쇼핑					
	외식					
	장 보 기 · 식 비 　소 계					

1 JANUARY

1

항목		내용	사용처	날짜	금액	결제방식
유흥비	가족 모임					
	지인 모임					
	기타					
유 흥 비 소 계						
부모님 봉양비	용돈					
	물품					
	의료					
	기타					
부 모 님 봉 양 비 소 계						
자녀 양육비	용돈					
	교재비					
	교육비					
	기타					
자 녀 양 육 비 소 계						
기타 활동비	종교생활					
	경조사비					
	기부금					
	선물					
	기타					
기 타 활 동 비 소 계						
장기 할부	가전·가구					
	패션·뷰티					
	건강보조용품					
	주방생활용품					
	기타					
장 기 할 부 소 계						

■ 한눈에 보는 2016년 1월 우리 집 수입과 지출

	항목	내용	수입원	날짜	금액	비고
수입	근로소득					
	자산운용소득 (이자 · 배당)					
	임대소득					
	기타소득					
				수 입 합 계		

	항목	내용	운용처	날짜	금액	비고
재테크	부동산					
	저축					
	투자성 상품					
	저축성 보험					
	기타					
				재 테 크 합 계		

	항목	내용	납부처	날짜	금액	비고
세금	세금1					
	세금2					
	세금3					
	세금4					
	세금5					
				세 금 합 계		

MEMO

Sunday	Monday	Tuesday	Wednesday
	1	2	3
7	8 음 1.1 설날	9	10 대체 휴일
14 발렌타인데이	15	16	17
21	22 음 1.15 정월대보름	23	24
28 음 1.21	29		

Thursday	Friday	Saturday
4 입춘	5	6
11	12	13
18 음 1.11	19 우수	20
25	26	27

1 January

Su	Mo	Tu	We	Th	Fr	Sa
					1	2
3	4	5	6	7	8	9
10	11	12	13	14	15	16
17	18	19	20	21	22	23
24	25	26	27	28	29	30
31						

3 March

Su	Mo	Tu	We	Th	Fr	Sa
		1	2	3	4	5
6	7	8	9	10	11	12
13	14	15	16	17	18	19
20	21	22	23	24	25	26
27	28	29	30	31		

<table>
<tr><td rowspan="2">2</td><td colspan="2">01 월요일</td><td colspan="2">02 화요일</td><td colspan="2">03 수요일</td></tr>
<tr><td colspan="2">수입</td><td colspan="2"></td><td colspan="2"></td></tr>
<tr><td></td><td>내용</td><td>금액</td><td>내용</td><td>금액</td><td>내용</td><td>금액</td></tr>
</table>

수입	내용	금액	내용	금액	내용	금액
	들어온 돈 총액		들어온 돈 총액		들어온 돈 총액	

■ 현금 사용　■ 카드 사용

지출	내용	금액	내용	금액	내용	금액
	카드 사용 총액		카드 사용 총액		카드 사용 총액	
	현금 사용 총액		현금 사용 총액		현금 사용 총액	
	나간 돈 총액		나간 돈 총액		나간 돈 총액	

04	입춘 목요일	05	금요일	06	토요일
내용	금액	내용	금액	내용	금액
들어온 돈 총액		들어온 돈 총액		들어온 돈 총액	

■ 현금 사용 ■ 카드 사용

내용	금액	내용	금액	내용	금액
	■ ■		■ ■		■ ■
	■ ■		■ ■		■ ■
	■ ■		■ ■		■ ■
	■ ■		■ ■		■ ■
	■ ■		■ ■		■ ■
	■ ■		■ ■		■ ■
	■		■		■
	■ ■		■ ■		■ ■
	■ ■		■ ■		■ ■
	■		■		■
	■ ■		■ ■		■ ■
	■ ■		■ ■		■ ■
카드 사용 총액		카드 사용 총액		카드 사용 총액	
현금 사용 총액		현금 사용 총액		현금 사용 총액	
나간 돈 총액		나간 돈 총액		나간 돈 총액	

Weekly Total

2월 첫째 주 결산 내용

이번 주 지출 내역

고정지출

주택관련비	
공과금	
보험료	
세금	
통신비	

변동지출

교육비	
의류비	
의료비	
주식비	
외식비	
유흥비	
꾸밈비	
건강관리비	
문화생활비	
교통비	
차량유지비	
기타	

이번 주 재테크

저축	
투자	
연금	
보험	

수입 합계

지출 합계

카드 합계	
현금 합계	

| 07 | 일요일 | 08 | 음 1.1 설날 월요일 | 09 | 화요일 | 10 | 수요일 |

수입	내용	금액	내용	금액	내용	금액	내용	금액

들어온 돈 총액 | 들어온 돈 총액 | 들어온 돈 총액 | 들어온 돈 총액

■ 현금 사용   ■ 카드 사용

지출	내용	금액	내용	금액	내용	금액	내용	금액

카드 사용 총액 | 카드 사용 총액 | 카드 사용 총액 | 카드 사용 총액

현금 사용 총액 | 현금 사용 총액 | 현금 사용 총액 | 현금 사용 총액

나간 돈 총액 | 나간 돈 총액 | 나간 돈 총액 | 나간 돈 총액

11	목요일	12	금요일	13	토요일
내용	금액	내용	금액	내용	금액

들어온 돈 총액 / 들어온 돈 총액 / 들어온 돈 총액

■ 현금 사용　■ 카드 사용

내용	금액	내용	금액	내용	금액

카드 사용 총액 / 카드 사용 총액 / 카드 사용 총액

현금 사용 총액 / 현금 사용 총액 / 현금 사용 총액

나간 돈 총액 / 나간 돈 총액 / 나간 돈 총액

Weekly Total

2월 둘째 주 결산 내용

이번 주 지출 내역

고정지출

주택관련비

공과금

보험료

세금

통신비

변동지출

교육비

의류비

의료비

주식비

외식비

유흥비

꾸밈비

건강관리비

문화생활비

교통비

차량유지비

기타

이번 주 재테크

저축

투자

연금

보험

수입 합계

지출 합계

카드 합계

현금 합계

<table>
<tr><td>2</td><td colspan="2">14 발렌타인데이 일요일</td><td colspan="2">15 월요일</td><td colspan="2">16 화요일</td><td colspan="2">17 수요일</td></tr>
<tr><td>수입</td><td>내용</td><td>금액</td><td>내용</td><td>금액</td><td>내용</td><td>금액</td><td>내용</td><td>금액</td></tr>
</table>

들어온 돈 총액 / 들어온 돈 총액 / 들어온 돈 총액 / 들어온 돈 총액

■ 현금 사용　■ 카드 사용

<table>
<tr><td>지출</td><td>내용</td><td>금액</td><td>내용</td><td>금액</td><td>내용</td><td>금액</td><td>내용</td><td>금액</td></tr>
</table>

카드 사용 총액 / 카드 사용 총액 / 카드 사용 총액 / 카드 사용 총액

현금 사용 총액 / 현금 사용 총액 / 현금 사용 총액 / 현금 사용 총액

나간 돈 총액 / 나간 돈 총액 / 나간 돈 총액 / 나간 돈 총액

18	음 1.11 목요일	19	우수 금요일	20	토요일
내용	금액	내용	금액	내용	금액

| 들어온 돈 총액 | | 들어온 돈 총액 | | 들어온 돈 총액 | |

■ 현금 사용   ■ 카드 사용

내용	금액	내용	금액	내용	금액

카드 사용 총액		카드 사용 총액		카드 사용 총액	
현금 사용 총액		현금 사용 총액		현금 사용 총액	
나간 돈 총액		나간 돈 총액		나간 돈 총액	

Weekly Total

2월 셋째 주 결산 내용

이번 주 지출 내역

고정지출

주택관련비

공과금

보험료

세금

통신비

변동지출

교육비

의류비

의료비

주식비

외식비

유흥비

꾸밈비

건강관리비

문화생활비

교통비

차량유지비

기타

이번 주 재테크

저축

투자

연금

보험

수입 합계

지출 합계

카드 합계

현금 합계

2 FEBRUARY

<table>
<tr><td>2</td><td>21</td><td>일요일</td><td>22</td><td>윤 1.15 정월대보름 월요일</td><td>23</td><td>화요일</td><td>24</td><td>수요일</td></tr>
</table>

수입	내용	금액	내용	금액	내용	금액	내용	금액

들어온 돈 총액 | 들어온 돈 총액 | 들어온 돈 총액 | 들어온 돈 총액

■ 현금 사용   ■ 카드 사용

지출	내용	금액	내용	금액	내용	금액	내용	금액

카드 사용 총액 | 카드 사용 총액 | 카드 사용 총액 | 카드 사용 총액

현금 사용 총액 | 현금 사용 총액 | 현금 사용 총액 | 현금 사용 총액

나간 돈 총액 | 나간 돈 총액 | 나간 돈 총액 | 나간 돈 총액

25	목요일	26	금요일	27	토요일
내용	금액	내용	금액	내용	금액

들어온 돈 총액 | 들어온 돈 총액 | 들어온 돈 총액

■ 현금 사용　■ 카드 사용

내용	금액	내용	금액	내용	금액

카드 사용 총액 | 카드 사용 총액 | 카드 사용 총액
현금 사용 총액 | 현금 사용 총액 | 현금 사용 총액
나간 돈 총액 | 나간 돈 총액 | 나간 돈 총액

Weekly Total

2월 넷째 주 결산 내용

이번 주 지출 내역

고정지출

주택관련비

공과금

보험료

세금

통신비

변동지출

교육비

의류비

의료비

주식비

외식비

유흥비

꾸밈비

건강관리비

문화생활비

교통비

차량유지비

기타

이번 주 재테크

저축

투자

연금

보험

수입 합계

지출 합계

카드 합계

현금 합계

2 FEBRUARY

2	**28**	음 1.21 일요일	**29**	월요일

수입	내용	금액	내용	금액
	들어온 돈 총액		**들어온 돈 총액**	

■ 현금 사용　■ 카드 사용

지출	내용	금액	내용	금액
		■		■
		■		■
		■		■
		■		■
		■		■
		■		■
		■		■
		■		■
		■		■
		■		■
		■		■
		■		■
		■		■
		■		■
		■		■
		■		■
		■		■
		■		■
		■		■
		■		■
		■		■
		■		■
		■		■
		■		■
		■		■
	카드 사용 총액		**카드 사용 총액**	
	현금 사용 총액		**현금 사용 총액**	
	나간 돈 총액		**나간 돈 총액**	

Weekly Total

2월 마지막 주 결산 내용

이번 주 지출 내역

고정지출

주택관련비

공과금

보험료

세금

통신비

변동지출

교육비

의류비

의료비

주식비

외식비

유흥비

꾸밈비

건강관리비

문화생활비

교통비

차량유지비

기타

이번 주 재테크

저축

투자

연금

보험

수입 합계

지출 합계

카드 합계

현금 합계

살림경제를 위한 똑똑한 8가지 습관

1 재테크의 목적은 보다 구체적이고 실현 가능한 것이어야 한다. 막연하게 돈을 모으는 것보다 숫자로 표현된 구체적인 목표를 세우는 것이 월 저축금액 계산과 수익률 산출 등 필요한 계획을 세우고 실행하는 과정을 명확하게 하는 데 도움이 된다. 이렇게 목표와 실행계획을 구체화한다면 성공확률은 더 높아진다.

2 자산상태부터 진단하라! 병을 고치기 위해 의사에게 진단을 받듯 자산관리는 개인의 자산상태를 진단하는 일부터 시작해야 한다. 재무상태표와 현금흐름표는 개인의 재무상황을 진단하고 향후 자산관리 방안을 도출하는 데 필수적인 도구가 된다.

3 대출은 '양날의 칼'과 같기 때문에 현명하게 사용해야 한다.
대출은 자산을 늘리는 좋은 수단이 될 수도 있지만, 가계재정을 더욱 악화시키는 부정적인 측면도 있다. 현명한 자산관리를 원한다면 대출을 적절하게 운영하는 혜안이 필요하다.

4 '어떻게 줄일 것이냐' 에 대한 고민이 필요하다.
세금을 줄이기 위해 많은 신경을 쓰는 부자들에 비해 일반인들은 세금에 대한 지식이나 마인드가 턱없이 부족하다. 절세는 새는 돈을 막는 데 매우 효과적인 방법이기 때문에, 어렵더라도 기본적인 세금 지식은 꼭 습득할 필요가 있다.

5 현재 실질금리를 따져보라! 금리 또는 수익률은 돈을 얼마나 벌었는지, 돈을 얼마나 벌 수 있는지 헤아려볼 수 있는 중요한 척도이다. 하지만 정확하게 자산증식 정도를 측정하려면 명목금리가 아니라 물가상승률을 감안한 실질금리를 알아야 한다. 금리가 아무리 높더라도 물가상승률이 그 이상이면 실질적인 자산증식을 기대할 수 없기 때문이다.

6 목돈·종잣돈을 만들어야 하는 이유를 분명하게 설정하라!
자산관리를 막 시작하는 사람들이 가장 먼저 해야 할 일은 목돈을 만드는 일이다. 목돈을 만들어야 하는 이유는 첫째 복리효과를 누리기 위해서이며, 둘째 투자 성공률을 높이고 위험관리를 하기 위해서이다.

7 부동산은 투자의 목적보다는 거주의 목적에서 바라보라!
부동산을 소유하지 못한 사람에게 내 집 마련은 중요한 재무목표가 될 수 있다. 하지만 앞으로는 큰 수익률을 가져다줄 수 있는 훌륭한 투자수단으로 생각하기보다는 안정적인 거주 공간을 제공하고 개인적인 삶의 만족감을 줄 수 있는 수단으로 생각하는 것이 좋다.

8 만만치 않은 노후대비를 위해 필요한 자산을 생각하라!
현금의 구매가치는 물가상승률로 인해 시간이 갈수록 떨어진다. 실질적인 자산증식을 위해서는 안전한 예금자산 이외에 높은 수익률이 기대되는 투자자산을 적절하게 활용할 수 있어야 한다.

	항목	내용	사용처	날짜	금액	결제방식
주택관련비	주거비(월세)					
	대출(이자1)					
	대출(이자2)					
	주 택 관 련 비 소 계					
공과금	관리비					
	가스					
	전기					
	수도					
	공 과 금 소 계					
통신비	휴대폰					
	인터넷					
	TV 통신망					
	집전화					
	통 신 비 소 계					
보장성보험료	암보험					
	의료실비보험					
	종신보험					
	주택화재보험					
	기타					
	보 장 성 보 험 료 소 계					
건강관리비	병원비					
	약재비					
	건강보조제 구입					
	헬스이용권					
	기타					
	건 강 관 리 비 소 계					

■ 한눈에 보는 2016년 2월 우리 집 수입과 지출

항목		내용	사용처	날짜	금액	결제방식
교통비	버스 · 지하철					
	택시					
	기타					
	교 통 비 소 계					
차량유지비	자동차보험					
	유류비					
	특별비					
	기타					
	차 량 유 지 비 소 계					
문화생활비	도서					
	공연					
	여행					
	기타					
	문 화 생 활 비 소 계					
패션뷰티꾸밈비	의류					
	액세서리					
	헤어					
	뷰티					
	기타					
	패 션 뷰 티 꾸 밈 비 소 계					
장보기 · 식비	대형마트					
	시장					
	인터넷 쇼핑몰					
	TV 홈쇼핑					
	외식					
	장 보 기 · 식 비 소 계					

2 FEBRUARY

2	항목	내용	사용처	날짜	금액	결제방식
유흥비	가족 모임					
	지인 모임					
	기타					
유 흥 비 소 계						
부모님 봉양비	용돈					
	물품					
	의료					
	기타					
부 모 님 봉 양 비 소 계						
자녀 양육비	용돈					
	교재비					
	교육비					
	기타					
자 녀 양 육 비 소 계						
기타 활동비	종교생활					
	경조사비					
	기부금					
	선물					
	기타					
기 타 활 동 비 소 계						
장기 할부	가전 · 가구					
	패션 · 뷰티					
	건강보조용품					
	주방생활용품					
	기타					
장 기 할 부 소 계						

■ 한눈에 보는 2016년 2월 우리 집 수입과 지출

	항목	내용	수입원	날짜	금액	비고
수입	근로소득					
	자산운용소득 (이자·배당)					
	임대소득					
	기타소득					
			수 입 합 계			

	항목	내용	운용처	날짜	금액	비고
재테크	부동산					
	저축					
	투자성 상품					
	저축성 보험					
	기타					
			재 테 크 합 계			

	항목	내용	납부처	날짜	금액	비고
세금	세금1					
	세금2					
	세금3					
	세금4					
	세금5					
			세 금 합 계			

MEMO

Sunday	Monday	Tuesday	Wednesday
		1 삼일절	2
6	7	8	9 음 2.1
13	14 화이트데이	15	16
20 춘분	21	22	23
27	28	29 음 2.21	30

Thursday	Friday	Saturday
3	4	5 경칩
10	11	12
17	18	19 음 2.11
24	25	26
31		

MARCH

3

2 0 1 6

2 February

Su	Mo	Tu	We	Th	Fr	Sa
	1	2	3	4	5	6
7	8	9	10	11	12	13
14	15	16	17	18	19	20
21	22	23	24	25	26	27
28	29					

4 April

Su	Mo	Tu	We	Th	Fr	Sa
					1	2
3	4	5	6	7	8	9
10	11	12	13	14	15	16
17	18	19	20	21	22	23
24	25	26	27	28	29	30

3	01	삼일절 화요일		02	수요일
수입	내용	금액		내용	금액
	들어온 돈 총액			들어온 돈 총액	

■ 현금 사용   ■ 카드 사용

지출	내용	금액		내용	금액
		■ ■			■ ■
		■ ■			■ ■
		■ ■			■ ■
		■ ■			■ ■
		■ ■			■ ■
		■ ■			■ ■
		■ ■			■ ■
		■ ■			■ ■
		■ ■			■ ■
		■ ■			■ ■
		■ ■			■ ■
	카드 사용 총액			카드 사용 총액	
	현금 사용 총액			현금 사용 총액	
	나간 돈 총액			나간 돈 총액	

03	목요일	04	금요일	05	경칩 토요일

3월 첫째 주 결산 내용

이번 주 지출 내역

내용	금액	내용	금액	내용	금액

| 들어온 돈 총액 | | 들어온 돈 총액 | | 들어온 돈 총액 | |

■ 현금 사용　■ 카드 사용

내용	금액	내용	금액	내용	금액

카드 사용 총액		카드 사용 총액		카드 사용 총액	
현금 사용 총액		현금 사용 총액		현금 사용 총액	
나간 돈 총액		나간 돈 총액		나간 돈 총액	

고정지출

| 주택관련비 |
| 공과금 |
| 보험료 |
| 세금 |
| 통신비 |

변동지출

| 교육비 |
| 의류비 |
| 의료비 |
| 주식비 |
| 외식비 |
| 유흥비 |
| 꾸밈비 |
| 건강관리비 |
| 문화생활비 |
| 교통비 |
| 차량유지비 |
| 기타 |

이번 주 재테크

| 저축 |
| 투자 |
| 연금 |
| 보험 |

수입 합계

지출 합계

카드 합계

현금 합계

06	일요일	07	월요일	08	화요일	09	℗ 2.1 수요일
수입 내용	금액	내용	금액	내용	금액	내용	금액

06		07		08		09	
들어온 돈 총액		들어온 돈 총액		들어온 돈 총액		들어온 돈 총액	

■ 현금 사용　■ 카드 사용

지출 내용	금액	내용	금액	내용	금액	내용	금액
카드 사용 총액		카드 사용 총액		카드 사용 총액		카드 사용 총액	
현금 사용 총액		현금 사용 총액		현금 사용 총액		현금 사용 총액	
나간 돈 총액		나간 돈 총액		나간 돈 총액		나간 돈 총액	

10		목요일	11		금요일	12		토요일
내용	금액		내용	금액		내용	금액	
들어온 돈 총액			들어온 돈 총액			들어온 돈 총액		

■ 현금 사용　■ 카드 사용

내용	금액	내용	금액	내용	금액
카드 사용 총액		카드 사용 총액		카드 사용 총액	
현금 사용 총액		현금 사용 총액		현금 사용 총액	
나간 돈 총액		나간 돈 총액		나간 돈 총액	

3월 둘째 주 결산 내용

이번 주 지출 내역

고정지출

주택관련비

공과금

보험료

세금

통신비

변동지출

교육비

의류비

의료비

주식비

외식비

유흥비

꾸밈비

건강관리비

문화생활비

교통비

차량유지비

기타

이번 주 재테크

저축

투자

연금

보험

수입 합계

지출 합계

카드 합계

현금 합계

13	일요일	14	화이트데이 월요일	15	화요일	16	수요일
수입 내용	금액	내용	금액	내용	금액	내용	금액
들어온 돈 총액		들어온 돈 총액		들어온 돈 총액		들어온 돈 총액	

■ 현금 사용　■ 카드 사용

지출 내용	금액	내용	금액	내용	금액	내용	금액
카드 사용 총액		카드 사용 총액		카드 사용 총액		카드 사용 총액	
현금 사용 총액		현금 사용 총액		현금 사용 총액		현금 사용 총액	
나간 돈 총액		나간 돈 총액		나간 돈 총액		나간 돈 총액	

17		목요일	18		금요일	19		음 2.11 토요일
내용	금액		내용	금액		내용	금액	
들어온 돈 총액			들어온 돈 총액			들어온 돈 총액		

■ 현금 사용   ■ 카드 사용

내용	금액	내용	금액	내용	금액
카드 사용 총액		카드 사용 총액		카드 사용 총액	
현금 사용 총액		현금 사용 총액		현금 사용 총액	
나간 돈 총액		나간 돈 총액		나간 돈 총액	

3월 셋째 주 결산 내용

이번 주 지출 내역

고정지출

주택관련비

공과금

보험료

세금

통신비

변동지출

교육비

의류비

의료비

주식비

외식비

유흥비

꾸밈비

건강관리비

문화생활비

교통비

차량유지비

기타

이번 주 재테크

저축

투자

연금

보험

수입 합계

지출 합계

카드 합계

현금 합계

| 20 | 춘분 일요일 | 21 | 월요일 | 22 | 화요일 | 23 | 수요일 |

수입

내용	금액	내용	금액	내용	금액	내용	금액

들어온 돈 총액 · 들어온 돈 총액 · 들어온 돈 총액 · 들어온 돈 총액

■ 현금 사용　■ 카드 사용

지출

내용	금액	내용	금액	내용	금액	내용	금액

카드 사용 총액 · 카드 사용 총액 · 카드 사용 총액 · 카드 사용 총액

현금 사용 총액 · 현금 사용 총액 · 현금 사용 총액 · 현금 사용 총액

나간 돈 총액 · 나간 돈 총액 · 나간 돈 총액 · 나간 돈 총액

<table>
<tr><td colspan="2">24 목요일</td><td colspan="2">25 금요일</td><td colspan="2">26 토요일</td></tr>
<tr><td>내용</td><td>금액</td><td>내용</td><td>금액</td><td>내용</td><td>금액</td></tr>
</table>

들어온 돈 총액 | 들어온 돈 총액 | 들어온 돈 총액

■ 현금 사용　■ 카드 사용

내용	금액	내용	금액	내용	금액

카드 사용 총액 | 카드 사용 총액 | 카드 사용 총액

현금 사용 총액 | 현금 사용 총액 | 현금 사용 총액

나간 돈 총액 | 나간 돈 총액 | 나간 돈 총액

Weekly Total

3월 넷째 주 결산 내용

이번 주 지출 내역

고정지출

주택관련비

공과금

보험료

세금

통신비

변동지출

교육비

의류비

의료비

주식비

외식비

유흥비

꾸밈비

건강관리비

문화생활비

교통비

차량유지비

기타

이번 주 재테크

저축

투자

연금

보험

수입 합계

지출 합계

카드 합계

현금 합계

3	**27** 일요일		**28** 월요일		**29** 음 2.21 화요일		**30** 수요일	
수입	내용	금액	내용	금액	내용	금액	내용	금액
	들어온 돈 총액		들어온 돈 총액		들어온 돈 총액		들어온 돈 총액	

■ 현금 사용　■ 카드 사용

지출	내용	금액	내용	금액	내용	금액	내용	금액
	카드 사용 총액		카드 사용 총액		카드 사용 총액		카드 사용 총액	
	현금 사용 총액		현금 사용 총액		현금 사용 총액		현금 사용 총액	
	나간 돈 총액		나간 돈 총액		나간 돈 총액		나간 돈 총액	

31 목요일

내용	금액

들어온 돈 총액

■ 현금 사용　■ 카드 사용

내용	금액	
		■
		■
		■
		■
		■
		■
		■
		■
		■
		■
		■
		■
		■
		■
		■
		■
		■
		■
		■
		■
		■
		■
		■

카드 사용 총액

현금 사용 총액

나간 돈 총액

Weekly Total

3월 마지막 주 결산 내용

이번 주 지출 내역

고정지출

주택관련비	
공과금	
보험료	
세금	
통신비	

변동지출

교육비	
의류비	
의료비	
주식비	
외식비	
유흥비	
꾸밈비	
건강관리비	
문화생활비	
교통비	
차량유지비	
기타	

이번 주 재테크

저축	
투자	
연금	
보험	

수입 합계

지출 합계

카드 합계	
현금 합계	

3	항목	내용	사용처	날짜	금액	결제방식
주택관련비	주거비(월세)					
	대출(이자1)					
	대출(이자2)					
주 택 관 련 비 소 계						
공과금	관리비					
	가스					
	전기					
	수도					
공 과 금 소 계						
통신비	휴대폰					
	인터넷					
	TV 통신망					
	집전화					
통 신 비 소 계						
보장성보험료	암보험					
	의료실비보험					
	종신보험					
	주택화재보험					
	기타					
보 장 성 보 험 료 소 계						
건강관리비	병원비					
	약재비					
	건강보조제 구입					
	헬스이용권					
	기타					
건 강 관 리 비 소 계						

	항목	내용	사용처	날짜	금액	결제방식
교통비	버스 · 지하철					
	택시					
	기타					
교 통 비 소 계						
차량유지비	자동차보험					
	유류비					
	특별비					
	기타					
차 량 유 지 비 소 계						
문화생활비	도서					
	공연					
	여행					
	기타					
문 화 생 활 비 소 계						
패션뷰티꾸밈비	의류					
	액세서리					
	헤어					
	뷰티					
	기타					
패 션 뷰 티 꾸 밈 비 소 계						
장보기 · 식비	대형마트					
	시장					
	인터넷 쇼핑몰					
	TV 홈쇼핑					
	외식					
장 보 기 · 식 비 소 계						

3	항목	내용	사용처	날짜	금액	결제방식
유흥비	가족 모임					
	지인 모임					
	기타					
유 흥 비 소 계						
부모님 봉양비	용돈					
	물품					
	의료					
	기타					
부 모 님 봉 양 비 소 계						
자녀양육비	용돈					
	교재비					
	교육비					
	기타					
자 녀 양 육 비 소 계						
기타 활동비	종교생활					
	경조사비					
	기부금					
	선물					
	기타					
기 타 활 동 비 소 계						
장기 할부	가전·가구					
	패션·뷰티					
	건강보조용품					
	주방생활용품					
	기타					
장 기 할 부 소 계						

■ 한눈에 보는 2016년 3월 우리 집 수입과 지출

	항목	내용	수입원	날짜	금액	비고
수입	근로소득					
	자산운용소득 (이자·배당)					
	임대소득					
	기타소득					
	수 입 합 계					

	항목	내용	운용처	날짜	금액	비고
재테크	부동산					
	저축					
	투자성 상품					
	저축성 보험					
	기타					
	재 테 크 합 계					

	항목	내용	납부처	날짜	금액	비고
세금	세금1					
	세금2					
	세금3					
	세금4					
	세금5					
	세 금 합 계					

1분기 지출 총계		1분기 평가	
1분기 수입 총계			1 분 기 결 산 표
1분기 재테크 총계			
1분기 세금 총계			
1분기 경제 환경	금리 : 종합주가지수 : 환율 :		
1분기 타임캡슐 평가			

Spring

쑥 애탕국

● 재료

□ 쑥 80~100g
□ 소고기 100g
□ 달걀 2개
□ 쪽파 4뿌리
□ 밀가루 1큰술

● 양념

□ 국간장 1~2큰술
□ 다진 마늘 1/2큰술
□ 소금 약간

1 쑥은 뿌리를 잘라내고 씻은 다음 물기를 제거한다.
  소고기는 채를 썰어 참기름 1작은술, 후춧가루 약간, 설탕 1/2작은술을
  넣고 버무린다.

2 예열한 냄비에 양념한 소고기를 볶다가 물 4컵을 붓고 끓인다.

3 10분쯤 끓이다가 위에 뜨는 거품은 걷어낸다. 국간장, 다진 마늘을 넣고
  간을 하고 부족한 간은 소금으로 한다.

4 준비한 쑥에 밀가루를 골고루 묻힌 다음 푼 달걀물을 붓고 버무린다.

5 끓는 국물에 반죽한 쑥을 한 숟가락씩 넣는다. 팔팔 끓으면 쪽파를 3㎝
  길이로 썰어 넣고 한소끔 더 끓인다.

"봄이면 맛보게 되는 구수한 봄동 된장국. 달큰한 봄동의 맛이 된장 국물에 스며들어 속을 따뜻하고 편안하게 해줍니다. 바지락과 콩나물을 곁들이면 씹는 식감도 좋고, 국물 맛이 시원하면서도 감칠맛이 납니다."

봄동 바지락 된장국

● 재료

□ 봄동 300g
□ 바지락 200g
□ 콩나물 100g
□ 대파 1/2대
□ 풋고추 또는 청양고추 1개

● 양념

□ 된장 2~3큰술
□ 다진 마늘 1/2큰술
□ 멸치 다시마물 6컵

1 봄동은 잎을 하나씩 떼어내 흐르는 물에 씻는다.
   끓는 물에 봄동을 넣고 데친 후 찬물로 씻어 물기를 꼭 짠다.
   물기를 짠 봄동을 2~3㎝ 길이로 썬다.

2 콩나물은 씻어 놓고, 대파와 풋고추는 어슷하게 썬다.
   바지락은 소금물에 담가 해감을 한 후 깨끗하게 씻어 준비한다.

3 냄비에 멸치 다시마물을 붓고 끓으면 된장을 고운 체에 밭쳐 푼다.

4 된장을 푼 국물이 팔팔 끓으면 봄동, 콩나물, 바지락, 다진 마늘을 넣고
   20분 정도 더 끓인다.

5 마지막에 풋고추와 대파를 넣고 한소끔 더 끓인다.

꽃게탕

"봄철 싱싱한 활꽃게 한 마리로 끓이는 꽃게찌개. 꽃게 한 마리만 들어 가도 국물 맛이 시원해 끝내줍니다.
달큰하면서도 얼큰하고…, 익으면 달달해지는 애호박 맛이 꽃게탕이랑 잘 어울립니다.
알이 꽉 찬 싱싱한 제철 암꽃게로 맛나는 요리 만들어보세요."

● 재료

☐ 꽃게 1마리	☐ 애호박 50g	☐ 무 50g	☐ 양파 30g	☐ 대파 1/2대
☐ 풋고추 1개	☐ 붉은 고추 1개	☐ 팽이버섯 약간	☐ 쑥갓 약간	

● 양념

☐ 멸치 다시마물 2컵

☐ 고춧가루 2/3큰술	☐ 고추장 1작은술	☐ 된장 1작은술	☐ 청주 1/2큰술
☐ 다진 마늘 1/2큰술	☐ 다진 생강 1/4작은술	☐ 국간장 1/2큰술	

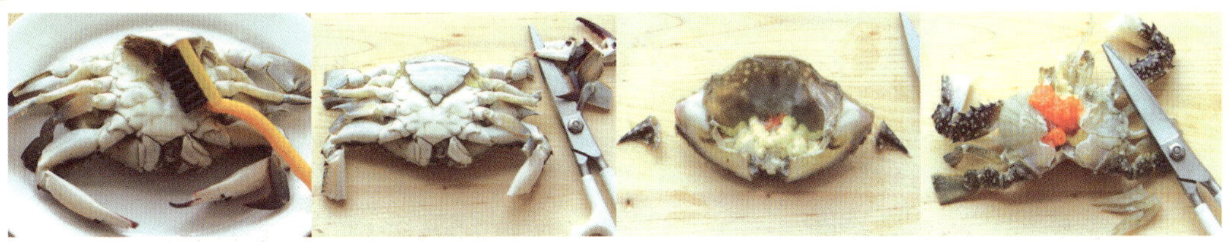

1 꽃게는 솔로 겉 딱지와 다리 사이사이를 문질러가며 흐르는 물에 깨끗하게 씻어 키친타월로 물기를 닦는다.

2 게 다리의 날카로운 부분 한마디씩을 잘라낸다.

3 게딱지를 벗겨 양쪽 뾰족한 부분을 자르고 딱지 아래쪽의 모래주머니를 제거한다.

4 등 쪽에 있는 양쪽 아가미를 자르고 찌꺼기가 있으면 키친타월로 닦는다.

1 꽃게는 손질한 후 먹기 좋은 크기로 토막을 낸다.

2 무는 5mm 두께로 큼직하게 썰고, 양파는 채를 썬다. 애호박은 1cm 두께로 납작하게 썬다.

  고추와 대파는 어슷하게 썰고, 팽이버섯은 길이로 반을 자르고, 쑥갓은 같은 크기로 자른다.

3 분량대로 양념장을 준비한다.

4 냄비에 멸치 다시마물, 무, 양파를 넣고 5분 정도 끓이다가 양념장을 푼다.

5 국물이 다시 끓으면 애호박과 손질한 꽃게를 넣고 보글보글 10분 정도 더 끓인다.

6 끓이는 중간에 거품을 걷어내고 애호박이 익으면 준비한 고명 채소를 모두 넣고 한소끔 더 끓인다.

묵은지 자작찌개

● 재료

□ 묵은지 250g
□ 돼지고기 100g
□ 양파 1/4개
□ 구운 김 2장

● 양념

□ 맛술 1큰술
□ 올리브오일 1큰술
□ 멸치 다시마물 1컵　□ 김칫물 1/2컵
□ 고추장 1/2큰술　□ 고춧가루 1작은술

1 김치는 속을 털어내고 사방 1㎝ 크기로 잘게 썬다.
　양파와 돼지고기도 같은 크기로 썰고, 돼지고기는 맛술에 재운다.

2 냄비에 올리브오일을 두르고 김치, 양파, 돼지고기, 고춧가루, 고추장을
　넣고 충분히 볶는다.

3 충분히 볶아지면 김칫물과 멸치 다시마물을 넣고 10분 정도 바글바글
　끓인다.

4 구운 김을 잘게 썰어 준비하고, 따끈한 밥을 그릇에 담는다.
　밥 위에 묵은지 자작찌개를 한 국자 푹 떠 넣고 김을 뿌려 비벼 먹는다.

"파릇한 돌나물로 무엇을 만들까? 이런 생각을 한 번쯤 해본 사람이라면 봄철에 먹기 좋은 물김치를 만들어보세요.
겨울철 김장 김치가 지겨울 때쯤 만들면 국 대용 반찬으로 상큼하게 먹을 수 있습니다."

돌나물 물김치

● 재료

□ 돌나물 100g
□ 미나리 5~6줄기(20g)
□ 쪽파 2뿌리
□ 오이(또는 사과) 1/2개
□ 붉은 고추 1/2개

● 양념

□ 물 4컵
□ 고춧가루 1큰술
□ 소금 1큰술   □ 설탕 1큰술
□ 다진 마늘 1/2큰술

1 돌나물은 씻은 후 채반에 담아 물기를 뺀다.

2 미나리와 쪽파는 2㎝ 길이로 썰고, 오이는 납작하게 썬다.
   붉은 고추는 씨를 뺀 후 어슷하게 썬다.

3 면주머니에 고춧가루를 담아 물에 넣고 조물조물 고춧물을 우려낸다.
   또는 고춧가루를 물에 푼 다음 맑게 걸러내도 된다.

4 고춧물에 소금, 설탕, 다진 마늘을 넣고 양념을 한 다음
   준비한 채소를 넣고 섞는다.
   실온에서 살짝 익힌 후 냉장고에 넣는다.

봄동 사과무침

● 재료

□ 봄동 100g
□ 양상추 50g
□ 사과 1/4개
□ 쪽파 3뿌리

● 양념

□ 새우젓 1큰술　□ 멸치 액젓 1큰술
□ 고춧가루 1큰술　□ 식초 3큰술
□ 매실액 2큰술　□ 설탕 1큰술
□ 다진 마늘 1작은술　□ 참깨 2큰술

1 봄동은 연한 잎으로 다듬어 한입 크기로 자르고, 양상추도 한입 크기로
   자른다.

2 자른 봄동과 양상추는 깨끗하게 씻은 후 채반에 담아 물기를 뺀다.

3 사과는 0.5㎝ 두께의 부채꼴 모양으로 썰고, 쪽파는 2㎝ 길이로 썬다.

4 분량대로 양념장을 만든다.

5 볼에 손질한 채소와 양념장을 넣고 버무린다.

두릅나물

● 재료

□ 두릅 200g

● 양념

□ 참기름 1큰술   □ 참깨 1큰술   □ 소금

1 두릅은 두릅나무의 새순으로 밑동을 자르고
  줄기에 붙은 밤색 껍질을 잡아 벗긴다.

2 끓는 물에 소금을 약간 넣고 두릅을 데친다.

3 데친 두릅을 찬물에 헹군 다음 물기를 꼭 짠다.

4 먹기 좋게 썰어 소금으로 살짝 간을 하고 참기름,
  참깨를 넣고 살살 버무린다.

유채나물

● 재료

□ 유채 100g   □ 생채 소스 2큰술   □ 참깨 1큰술

● 양념

□ 쪽파 3뿌리   □ 새우젓 1큰술   □ 액젓 2큰술
□ 식초 3큰술   □ 올리고당 3큰술   □ 고춧가루 1작은술

1 유채는 깨끗하게 씻어 채반에 담아 물기를 뺀다.

2 쪽파는 송송 썬다.

3 분량대로 양념장을 만든다.

4 볼에 손질한 유채를 담고 참깨 1큰술을 넣는다.
  짜지 않게 양념장을 한 수저씩 넣으면서 버무린다.

"나른한 봄이면 냉이만 한 반찬이 없지요. 된장과 고추장을 넣고 쌉싸래한 나물로 무쳐보세요.
특히 입맛 없는 봄날에 냉이나물을 먹으면 기운 돋게 해줍니다."

냉이나물

● 재료

□ 냉이 200g

● 양념

□ 된장 1/2큰술
□ 고추장 1큰술
□ 다진 마늘 1작은술
□ 다진 파 1큰술
□ 국간장 1/2작은술
□ 참기름 1큰술
□ 참깨 1큰술

1 냉이는 뿌리 쪽 흙을 깨끗하게 제거하면서 다듬는다.

2 손질한 냉이는 씻은 후 끓는 물에 넣고 살짝 데친다.

3 데친 냉이는 찬물로 헹군 후 물기를 꼭 짠다.

4 먹기 좋게 썰어 볼에 담고, 분량의 양념을 넣고 조물조물 버무린다.

5 마지막에 참깨를 솔솔 뿌려 가볍게 섞는다.

"연한 봄미나리로 상큼한 맛의 냉채를 만들어보세요. 살짝 매콤한 겨자향과 미나리가 잘 어울립니다.
 무순 등 다른 채소를 더 추가해서 무쳐도 됩니다."

햇미나리 냉채

● 재료

□ 미나리 100g
□ 양파 1/4개
□ 붉은 고추 1/2개

● 양념

□ 연겨자 1/2큰술
□ 간장 1/2 큰술   □ 식초 1큰술
□ 올리고당 1/2큰술   □ 설탕 1/2큰술
□ 참기름 1작은술   □ 검은깨 1큰술

1 미나리는 깨끗하게 씻어 3~4㎝ 길이로 썬다.

2 양파는 얇게 채를 썰어 물에 담가 매운맛을 뺀다.
   채반에 담아 물기를 제거한다.

3 붉은 고추는 씨를 빼고 가늘게 채를 썬다.

4 분량대로 양념장을 만든다.

5 양념장과 손질한 채소를 냉장고에 차게 보관해 두었다가
   먹기 전에 버무린다.

햇양파 두릅장아찌

"햇양파가 나오는 4~5월의 시기에 두릅과 함께 일주일 먹을 분량씩 장아찌를 담아보세요.
 장아찌를 만들고 하루가 지나면 새콤달콤 아삭한 밥도둑 장아찌가 완성됩니다.
 두릅의 향이 장아찌 국물에 스며들어 고급스런 맛이 나고, 표고버섯의 식감이 아주 좋습니다."

● 재료

☐ 햇양파 2개   ☐ 마늘 2쪽   ☐ 무 50g   ☐ 두릅 5~6개
☐ 마른 표고버섯 3개   ☐ 다시마 5cm 1조각

● 양념

☐ 물 1컵   ☐ 간장 1/2컵
☐ 식초 1/2컵   ☐ 매실액 3/4컵

1 마늘은 반으로 썰고, 양파는 도톰하게 썬다. 보관용기에 차곡차곡 담는다.

2 두릅은 살짝 데쳐서 준비한다.

3 냄비에 장아찌 양념장과 다시마, 마른 표고버섯을 분량대로 담고 30분~1시간 정도 불린다.

4 불린 장아찌 양념장을 은근한 불에서 끓인다. 팔팔 끓으면 곧바로 용기에 담아 놓은 양파 위에 붓는다.

5 양념장의 표고버섯을 건져 모양대로 썬다.

6 양념장을 부은 양파에 두릅과 표고버섯을 넣고 섞은 후 냉장고에 두고 보관한다. 하루 정도 지난 후부터 먹는다.

주꾸미볶음

"주꾸미가 가장 맛있는 봄에 아삭한 콩나물을 넣고 매콤한 볶음 반찬을 만들어보세요. 향긋한 쑥갓을 듬뿍 넣으면
익으면서 달콤해지는 양파와 참 잘 어울립니다. 또 콩나물을 데치고 남은 국물에는 파를 송송 썰어 넣고
맑은 콩나물국을 곁들여보세요. 1석2조의 멋진 밥상이 차려집니다."

● 재료

□ 주꾸미 400g　　□ 콩나물 250g　　□ 쑥갓 80g

□ 양파 1개　　□ 청양고추 2~3개

□ 청주 1큰술　　□ 식용유 2큰술　　□ 참기름 1큰술　　□ 참깨 1큰술

● 양념

□ 고추장 1.5큰술　　□ 고춧가루 2.5큰술

□ 다진 마늘 1큰술　　□ 다진 생강 1작은술

□ 올리고당 2큰술　　□ 간장 1.5큰술　　□ 맛술 1큰술　　□ 소금과 후추

1 주꾸미는 몸통을 뒤집어 내장을 잘라내고, 눈과 다리 안쪽의 입을 도려낸다.
　손질한 주꾸미를 볼에 담고 밀가루와 소금을 넣고 바락바락 주물러 씻은 뒤 찬물에 헹궈 물기를 제거한다.
2 바닥이 두둑한 팬에 손질한 주꾸미와 물 1큰술을 넣고 뚜껑을 덮어 저수분 조리법으로 살짝 익힌 뒤 식힌다.

3 식힌 주꾸미를 먹기 좋게 썬다. 콩나물을 씻어 준비한다.
4 냄비에 청주와 물 4컵을 붓고 끓으면 콩나물을 넣고 살짝 데친다. 찬물로 헹군 뒤 채반에 담아 물기를 뺀다.

5 양파는 큼직하게 채 썰고, 쑥갓은 5㎝ 길이로 썬다. 청양고추는 씨를 제거해 곱게 다진다.
6 볼에 다진 청양고추와 분량대로 양념장을 넣고 섞는다.

7 볼에 주꾸미, 콩나물과 양념장 1/2을 넣고 버무려 준비한다.
8 팬에 식용유를 두르고 양파를 볶다가 양념장의 1/2을 넣고 양파가 반쯤 익을 때까지 볶는다. 버무린 주꾸미와
　콩나물을 넣고 재빠르게 볶는다. 불을 끄고 마지막에 쑥갓, 참기름, 참깨를 넣고 골고루 섞는다.

봄맞이 대청소

미션 1   청소에도 순서가 있다

겨우내 닫아두었던 창문을 여는 계절. 뿌연 창문과 흙먼지 가득한 방충망과 난간, 창틀을 꼼꼼하게 청소하지 않으면 창문을 열었을 때 먼지들이 바람과 함께 실내로 고스란히 날아들어 옵니다. 봄맞이 대청소에서 실내 청소는 기본! 거기에 창문과 방충망, 창틀, 난간 그리고 현관까지 대청소를 시작하면 어떨까요? 창문과 방충망, 창틀, 난간, 현관을 같은 날 청소해야 한다면 순서를 지켜서 하는 것이 좋습니다. 특히 창문, 창틀, 난간은 순서를 지키지 않으면 애써 청소한 곳이 다음 청소로 인해 오염될 수 있기 때문에 순서를 지켜서 청소를 하는 것이 바람직합니다.

평소에 수건이나 낡은 속옷이나 양말 등을 그냥 버리지 말고 일회용 걸레로 사용하면 걸레 빠는 수고를 줄일 수 있어 좋은데, 특히 봄맞이 대청소 때는 일회용 걸레가 아주 효자 노릇을 합니다.

방충망 ⇒ 창문 ⇒ 난간 ⇒ 창틀 ⇒ 현관

미션 2   봄맞이 대청소를 위한 히든 해법

방충망 청소

● 준비물 : 신문지, 분무기, 물, 동글동글 극세사 걸레, 방충망 전용 밀대, 대야
● 소요시간 : 방충망 1개당 5분 이내

방충망은 바람이 불면서 바깥에서 안으로 먼지가 걸러져 들어오기 때문에 안쪽보다는 바깥쪽을 더 신경 써서 닦아주세요. 하지만 그냥 닦으면 방충망에 걸려 있던 먼지가 실내로 그대로 들어오기 때문에 반드시 전처리가 필요합니다.

■ 먼지의 실내 유입을 막기 위해 실내 쪽 방충망의 틀에 전체적으로 신문지를 붙인다. 먼저 분무기에 물을 담아 방충망에 골고루 분사한 뒤 신문지를 방충망에 부착시켜 물을 골고루 분사해 먼지를 흡착시킨다.
★ 비가 그친 후 바로 방충망을 닦으면 아무래도 먼지가 덜 날리므로 신문지를 생략해도 된다.

■ 신문지를 붙이지 않으려면 창문 뒤쪽으로 방충망을 밀어놓고 방충망 전용 밀대나 극세사 걸레로 먼저 바깥쪽 방충망에 팔을 뻗어서 닦아낸다. 그런 뒤 방충망을 닫고 실내 안쪽 면을 닦는다.

■ 가끔은 집 안쪽 방충망도 닦아준다. 분무기로 실내 안쪽 방충망에 물을 뿌린 다음 극세사 걸레로 닦는다.

창문 청소

● 준비물 : 수세미, 분무기, 구연산수 또는 유리세정제, 마른걸레, 창문용 밀대 걸레, 빨래판 대야
● 소요시간 : 창문 1개당 5분

창문은 실내 쪽과 바깥쪽이 있는데 실내는 마음만 먹으면 언제든 의자 하나만 놓고도 닦을 수 있어요. 문제는 바깥쪽 창문! 특히 겨울이 지나고 나면 눈과 비 그리고 황사 등으로 뿌옇게 변해 앞을 내다볼 수 없게 됩니다. 어차피 기상 여건에 따라 창문은 쉽게 더러워질 수 있는 곳이므로 너무 스트레스 받지 말고 가끔 청소하고픈 마음이 간절하게 생겼을 때 닦아주는 것으로 생각해요!

■ 안쪽

1 유리세정제나 구연산수를 창문 안쪽에 전체적으로 뿌린다.

2 수세미로 창문 전체를 넓게 문지른다.

3 더러운 물이 창문에 묻어나온다면 수세미를 깨끗한 물에 빨아서 다시 한 번 문질러준다. 이때 얼룩이 심한 곳은 꼼꼼히 문지른다.

4 마른걸레로 물기를 제거한다.

5 린스로 창문을 코팅하듯이 닦아주면 정전기 방지 효과가 있어 먼지가 덜 달라붙는다. 번거로우면 생략해도 된다! 마른걸레에 린스를 조금 묻혀(치약 1회분 정도) 창문에 전체적으로 콕콕 찍어놓고 얼룩이 사라질 때까지 계속 문지른다.

■ 바깥쪽

1 창문 바깥쪽에 물을 뿌린다.

2 일반 밀대를 사용해도 되지만 흡착 기능이 있는 엑스클리너 창문 밀대를 이용해서 닦으면 편리하다.

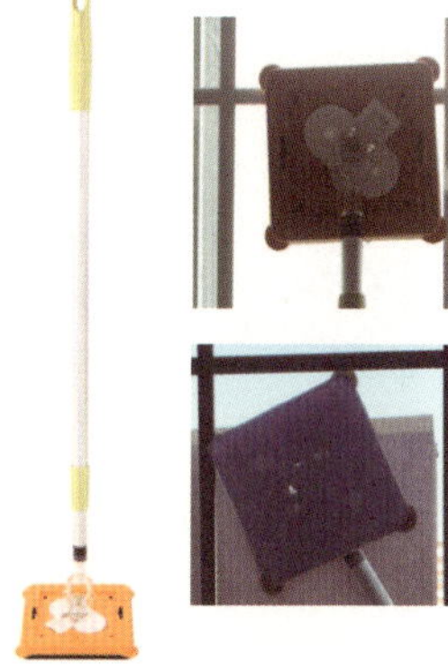
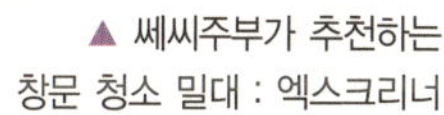

▲ 쎄씨주부가 추천하는 창문 청소 밀대 : 엑스크리너

3 더러워진 밀대는 빨래판 대야에 문질러 빤다.

4 물기 제거까지 되기 때문에 깨끗함이 더 오래 간다.

★ 바깥쪽 창문의 흙먼지를 쉽게 닦아내려면 물을 뿌리거나 물걸레를 이용해 닦아주어야 하는데, 비오는
   날이나 비가 온 다음에 바로 창문 청소를 하면 이 과정을 생략해도 되므로 편리하다.

난간 청소

● 준비물 : 고무장갑, 목장갑, 빨래판 대야, 빨랫비누
● 소요시간 : 난간 1개당 5분 이내

예전에는 베란다 난간에 이불을 자주 내다 널었는데 요즘은 아파트 미관을 해친다고 못 널게 할 뿐더러 워낙 미세 먼지, 황사 등 오염이 심하니 조심스럽긴 해요. 하지만 이불을 널지 않아도 난간에 먼지가 쌓여 있다면 창문을 열 때 그 먼지가 실내로 날아 들어올 수밖에 없어요. 이럴 때 걸레로 닦고 빠는 것보다 훨씬 쉽고 간편한 방법이 있죠. 이 방법대로 한다면 쉽게 난간 청소를 끝낼 수 있어요.

1 고무장갑 위에 목장갑을 낀다. 이때 목장갑은 걸레 대용이라고 생각하면 된다.

2 손 씻듯이 장갑 낀 손에 물을 묻히고 두 손을 꼭 쥐어 장갑의 물기를 살짝 제거한다.

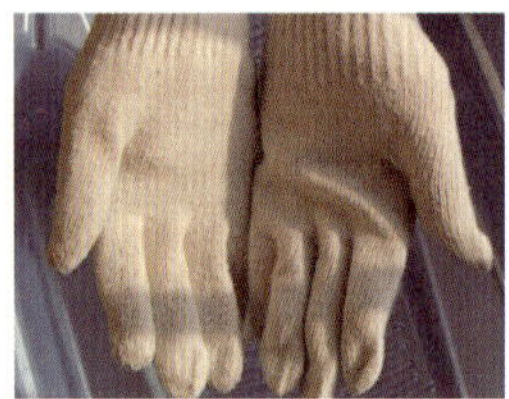

3 난간을 훑어 지나가 주기만 하면 된다. 이쪽저쪽 구석구석, 옆으로 위아래로…. 난간 청소 역시 비가 온
   다음에 하면 훨씬 쉽다. 혹시 말라붙은 먼지들이 쉽게 제거되지 않는다면
   거품이 많이 나지 않는 빨랫비누를 아주 약간만 묻혀 살짝 거품을 낸 뒤 닦아주면 된다.

4 빨래판 대야를 준비해 손바닥을 쓱쓱 문질러주면 목장갑을 아주 쉽게 빨 수 있다.

5 빨래판 대야에 문지르고 손 씻듯이 씻고, 2~3차례 반복하면 말끔한 난간이 된다.

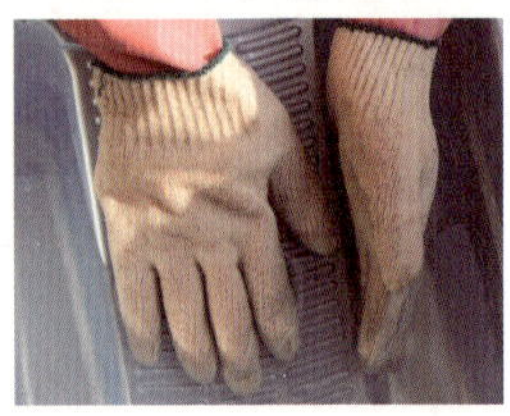

창틀 청소

- 준비물 : 작아지거나 낡은 양말, 속옷 또는 물티슈, 나무젓가락
- 소요시간 : 창틀 1개 2~3분

창틀은 비가 오고 나면 쉽게 오염되는 곳이므로 자주 닦아주는 것이 좋아요. 이때 목이 늘어나거나 낡은 양말을 이용하면 물티슈를 사용하는 것보다 더 경제적이죠. 또 닦고 나서 버리면 되므로 걸레를 사용하는 것보다 한결 편리하답니다.

1 양말을 더러운 창틀 위에 올려놓는다.
2 나무젓가락으로 양말을 콕 찍어서 창틀의 가장자리를 쭉~ 닦고 지나간다.

3 말라붙은 흙먼지가 한 번에 제거되지 않는다면 양말의 물기를 조금 넉넉하게 해서 닦아준다.

4 창문이 더 이상 밀리지 않는 곳은 젓가락을 이용해 양말을 조금씩 밀어 넣은 다음 쑥 잡아당기면 된다.

현관 청소

- 준비물 : 닦고 버릴 수 있는 옷이나 양말 등 걸레 대용품, 물, 분무기, 신문지, 천일염, 빗자루
- 소요시간 : 10분 내외

눈이 오거나 얼어붙은 길거리를 돌아다니다 현관으로 들어오게 되면 현관 바닥에 지저분한 흙먼지가 날리거나 말라붙게 됩니다. 현관 청소를 할 때는 집안으로 흙먼지가 날리지 않게 신경을 써야 해요.

1 마른 먼지가 가득하다면 현관 바닥에 먼저 천일염을 한 대접 뿌려준다.
2 빗자루로 천일염을 이리저리 굴리면 천일염이 먼지를 흡착하게 된다.
3 먼지를 흡착한 천일염을 쓸어주면 마른 먼지가 있던 상태로 바닥을 쓸 때보다 먼지 날림이 적다.
  이때 바닥보다 살짝 위쪽으로 공기 중에 물 스프레이를 분사하면
  먼지가 날리거나 날린 먼지가 호흡기로 들어가는 것을 줄일 수 있다.
4 빗자루로 제거되지 않는 심한 얼룩은 신문지를 구긴 다음 물에 묻혀 문지르거나 그렇게 해도 안 되는 건
  신문지로 덮어 물을 뿌려둔 뒤 불려서 닦아주면 된다.
5 물걸레질로 마무리하면 현관 청소 끝!

베란다 청소

- 준비물 : 베이킹소다, 구연산, 분무기, 락스, 수세미와 걸레(양파망, 낡은 양말 또는 속옷)
- 소요시간 : 30분(곰팡이가 핀 면적에 따라 다름)

물청소가 가능한 베란다 바닥이라면 청소에 별 어려움이 없지만, 물을 쓸 수 없는 곳이라면 현관처럼 청소해 주면 됩니다. 베란다 바닥도 중요하지만 겨울이 지난 다음에는 벽면의 결로가 더 큰 문제입니다. 겨우내 결로로 인해 베란다에 곰팡이가 생겼다면 최대한 빨리 없애주는 것이 좋아요. 가정집에서의 베란다 결로는 건축 시의 문제도 있지만 대부분 외부와 내부의 온도 차이로 인해 발생합니다. 그러므로 실내로 통하는 문을 낮 동안이라도 열어두어 온도차를 줄이고, 평소에 환기를 자주 시켜주는 것이 좋아요.

■ 금방 생긴 곰팡이라면 베이킹소다와 구연산을 물에 희석해 분무기에 담아 뿌린 후 걸레로 닦으면 된다.

■ 오래돼 찌든 곰팡이는 락스를 사용할 수밖에 없다. 물에 희석하거나 경우에 따라 원액을 분사한 다음 녹아내린 곰팡이를 수세미로 문지르고 나서 물걸레와 마른걸레로 마무리한다.
이때 수세미 대용으로 양파망, 걸레 대용으로 낡은 양말이나 속옷 등을 사용하면 빨지 않아도 되므로 편리하다. 단, 락스 사용 시 환기와 마스크, 고무장갑 착용은 필수!

• 반짝반짝! 우리 집 청소 물품 목록 정리하기 •

■ 기존 집에 있는 청소 도구

■ 새로 구입해야 할 청소 도구

■ 기존 집에 있는 세제

　• 친환경 세제

　• 일반 세제

■ 새로 구입해야 할 세제

■ 재활용 청소도구

• 구석구석! 우리 집 청소 횟수 정하기 •

■ 화장실 소독 및 청소	■ 화장실 보수
■ 현관 청소	■ 신발장 청소
■ 베란다 청소	■ 난간 청소
■ 창틀 청소	■ 창문 청소
■ 방충망 청소	■ 방충망 보수

<table>
<tr><td>Sunday</td><td>Monday</td><td>Tuesday</td><td>Wednesday</td></tr>
<tr><td></td><td></td><td></td><td></td></tr>
<tr><td>3</td><td>4 청명</td><td>5 식목일 한식</td><td>6</td></tr>
<tr><td>10</td><td>11</td><td>12</td><td>13 20대 국회의원 선거</td></tr>
<tr><td>17 (음) 3.11</td><td>18</td><td>19</td><td>20 곡우</td></tr>
<tr><td>24</td><td>25</td><td>26</td><td>27 (음) 3.21</td></tr>
</table>

APRIL
4
2016

	1	2
7 음 3.1	8	9
14	15	16
21	22	23
28	29	30

3 March

Su	Mo	Tu	We	Th	Fr	Sa
		1	2	3	4	5
6	7	8	9	10	11	12
13	14	15	16	17	18	19
20	21	22	23	24	25	26
27	28	29	30	31		

5 May

Su	Mo	Tu	We	Th	Fr	Sa
1	2	3	4	5	6	7
8	9	10	11	12	13	14
15	16	17	18	19	20	21
22	23	24	25	26	27	28
29	30	31				

2016 2분기 타임캡슐

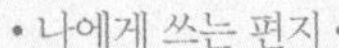

To.

지출관리를 위한 씀씀이 계획

3개월 단기 목표

2016년 월 일

from .

4	**01** 금요일	**02** 토요일

4월 첫째 주 결산 내용

이번 주 지출 내역

수입	내용	금액	내용	금액
	들어온 돈 총액		들어온 돈 총액	

■ 현금 사용   ■ 카드 사용

지출	내용	금액	내용	금액
		■ ■		■ ■
		■ ■		■ ■
		■ ■		■ ■
		■ ■		■ ■
		■ ■		■ ■
		■ ■		■ ■
		■ ■		■ ■
		■ ■		■ ■
		■ ■		■ ■
		■ ■		■ ■
		■ ■		■ ■
		■ ■		■ ■
	카드 사용 총액		카드 사용 총액	
	현금 사용 총액		현금 사용 총액	
	나간 돈 총액		나간 돈 총액	

고정지출

주택관련비	
공과금	
보험료	
세금	
통신비	

변동지출

교육비	
의류비	
의료비	
주식비	
외식비	
유흥비	
꾸밈비	
건강관리비	
문화생활비	
교통비	
차량유지비	
기타	

이번 주 재테크

저축	
투자	
연금	
보험	

수입 합계

지출 합계

카드 합계

현금 합계

03	일요일	04	청명 월요일	05	식목일 한식 화요일	06	수요일
수입 내용	금액	내용	금액	내용	금액	내용	금액
들어온 돈 총액		들어온 돈 총액		들어온 돈 총액		들어온 돈 총액	

■ 현금 사용　■ 카드 사용

지출 내용	금액	내용	금액	내용	금액	내용	금액
카드 사용 총액		카드 사용 총액		카드 사용 총액		카드 사용 총액	
현금 사용 총액		현금 사용 총액		현금 사용 총액		현금 사용 총액	
나간 돈 총액		나간 돈 총액		나간 돈 총액		나간 돈 총액	

07	음 3.1 목요일	08	금요일	09	토요일
내용	금액	내용	금액	내용	금액
들어온 돈 총액		들어온 돈 총액		들어온 돈 총액	

■ 현금 사용　■ 카드 사용

내용	금액	내용	금액	내용	금액
카드 사용 총액		카드 사용 총액		카드 사용 총액	
현금 사용 총액		현금 사용 총액		현금 사용 총액	
나간 돈 총액		나간 돈 총액		나간 돈 총액	

Weekly Total

4월 둘째 주 결산 내용

이번 주 지출 내역

고정지출

주택관련비

공과금

보험료

세금

통신비

변동지출

교육비

의류비

의료비

주식비

외식비

유흥비

꾸밈비

건강관리비

문화생활비

교통비

차량유지비

기타

이번 주 재테크

저축

투자

연금

보험

수입 합계

지출 합계

카드 합계

현금 합계

<table>
<tr><td>4</td><td colspan="2">10   일요일</td><td colspan="2">11   월요일</td><td colspan="2">12   화요일</td><td colspan="2">13   20대 국회의원 선거 수요일</td></tr>
<tr><td>수입</td><td>내용</td><td>금액</td><td>내용</td><td>금액</td><td>내용</td><td>금액</td><td>내용</td><td>금액</td></tr>
</table>

들어온 돈 총액   들어온 돈 총액   들어온 돈 총액   들어온 돈 총액

■ 현금 사용   ■ 카드 사용

<table>
<tr><td>지출</td><td>내용</td><td>금액</td><td>내용</td><td>금액</td><td>내용</td><td>금액</td><td>내용</td><td>금액</td></tr>
</table>

카드 사용 총액   카드 사용 총액   카드 사용 총액   카드 사용 총액

현금 사용 총액   현금 사용 총액   현금 사용 총액   현금 사용 총액

나간 돈 총액   나간 돈 총액   나간 돈 총액   나간 돈 총액

14		목요일	15		금요일	16		토요일
내용		금액	내용		금액	내용		금액
들어온 돈 총액			들어온 돈 총액			들어온 돈 총액		

■ 현금 사용　■ 카드 사용

내용	금액	내용	금액	내용	금액
카드 사용 총액		카드 사용 총액		카드 사용 총액	
현금 사용 총액		현금 사용 총액		현금 사용 총액	
나간 돈 총액		나간 돈 총액		나간 돈 총액	

4월 셋째 주 결산 내용

이번 주 지출 내역

고정지출

주택관련비	
공과금	
보험료	
세금	
통신비	

변동지출

교육비	
의류비	
의료비	
주식비	
외식비	
유흥비	
꾸밈비	
건강관리비	
문화생활비	
교통비	
차량유지비	
기타	

이번 주 재테크

저축	
투자	
연금	
보험	

수입 합계

지출 합계

카드 합계	
현금 합계	

<table>
<tr><td>4</td><td colspan="2">17   음 3.11 일요일</td><td colspan="2">18   월요일</td><td colspan="2">19   화요일</td><td colspan="2">20   곡우 수요일</td></tr>
<tr><td>수입</td><td>내용</td><td>금액</td><td>내용</td><td>금액</td><td>내용</td><td>금액</td><td>내용</td><td>금액</td></tr>
<tr><td colspan="2">들어온 돈 총액</td><td colspan="2">들어온 돈 총액</td><td colspan="2">들어온 돈 총액</td><td colspan="2">들어온 돈 총액</td></tr>
</table>

■ 현금 사용　　■ 카드 사용

지출	내용	금액	내용	금액	내용	금액	내용	금액

카드 사용 총액		카드 사용 총액		카드 사용 총액		카드 사용 총액	
현금 사용 총액		현금 사용 총액		현금 사용 총액		현금 사용 총액	
나간 돈 총액		나간 돈 총액		나간 돈 총액		나간 돈 총액	

21	목요일	22	금요일	23	토요일
내용	금액	내용	금액	내용	금액

| 들어온 돈 총액 | | 들어온 돈 총액 | | 들어온 돈 총액 | |

■ 현금 사용 ■ 카드 사용

내용	금액	내용	금액	내용	금액

카드 사용 총액		카드 사용 총액		카드 사용 총액	
현금 사용 총액		현금 사용 총액		현금 사용 총액	
나간 돈 총액		나간 돈 총액		나간 돈 총액	

4월 넷째 주 결산 내용

이번 주 지출 내역

고정지출

주택관련비

공과금

보험료

세금

통신비

변동지출

교육비

의류비

의료비

주식비

외식비

유흥비

꾸밈비

건강관리비

문화생활비

교통비

차량유지비

기타

이번 주 재테크

저축

투자

연금

보험

수입 합계

지출 합계

카드 합계

현금 합계

| 24 | 일요일 | 25 | 월요일 | 26 | 화요일 | 27 | 음 3.21 수요일 |

수입	내용	금액	내용	금액	내용	금액	내용	금액

들어온 돈 총액   들어온 돈 총액   들어온 돈 총액   들어온 돈 총액

■ 현금 사용　■ 카드 사용

지출	내용	금액	내용	금액	내용	금액	내용	금액

카드 사용 총액   카드 사용 총액   카드 사용 총액   카드 사용 총액

현금 사용 총액   현금 사용 총액   현금 사용 총액   현금 사용 총액

나간 돈 총액   나간 돈 총액   나간 돈 총액   나간 돈 총액

28	목요일	29	금요일	30	토요일
내용	금액	내용	금액	내용	금액
들어온 돈 총액		들어온 돈 총액		들어온 돈 총액	

■ 현금 사용　■ 카드 사용

내용	금액	내용	금액	내용	금액
카드 사용 총액		카드 사용 총액		카드 사용 총액	
현금 사용 총액		현금 사용 총액		현금 사용 총액	
나간 돈 총액		나간 돈 총액		나간 돈 총액	

4월 마지막 주 결산 내용

이번 주 지출 내역

고정지출

주택관련비

공과금

보험료

세금

통신비

변동지출

교육비

의류비

의료비

주식비

외식비

유흥비

꾸밈비

건강관리비

문화생활비

교통비

차량유지비

기타

이번 주 재테크

저축

투자

연금

보험

수입 합계

지출 합계

카드 합계

현금 합계

<table>
<tr><td>4</td><td>항목</td><td colspan="2">내용</td><td>사용처</td><td>날짜</td><td>금액</td><td>결제방식</td></tr>
<tr><td rowspan="3">주택관련비</td><td>주거비(월세)</td><td></td><td></td><td></td><td></td><td></td><td></td></tr>
<tr><td>대출(이자1)</td><td></td><td></td><td></td><td></td><td></td><td></td></tr>
<tr><td>대출(이자2)</td><td></td><td></td><td></td><td></td><td></td><td></td></tr>
<tr><td colspan="6">주 택 관 련 비　　소 계</td><td></td><td></td></tr>
<tr><td rowspan="4">공과금</td><td>관리비</td><td></td><td></td><td></td><td></td><td></td><td></td></tr>
<tr><td>가스</td><td></td><td></td><td></td><td></td><td></td><td></td></tr>
<tr><td>전기</td><td></td><td></td><td></td><td></td><td></td><td></td></tr>
<tr><td>수도</td><td></td><td></td><td></td><td></td><td></td><td></td></tr>
<tr><td colspan="6">공 과 금　　소 계</td><td></td><td></td></tr>
<tr><td rowspan="4">통신비</td><td>휴대폰</td><td></td><td></td><td></td><td></td><td></td><td></td></tr>
<tr><td>인터넷</td><td></td><td></td><td></td><td></td><td></td><td></td></tr>
<tr><td>TV 통신망</td><td></td><td></td><td></td><td></td><td></td><td></td></tr>
<tr><td>집전화</td><td></td><td></td><td></td><td></td><td></td><td></td></tr>
<tr><td colspan="6">통 신 비　　소 계</td><td></td><td></td></tr>
<tr><td rowspan="5">보장성보험료</td><td>암보험</td><td></td><td></td><td></td><td></td><td></td><td></td></tr>
<tr><td>의료실비보험</td><td></td><td></td><td></td><td></td><td></td><td></td></tr>
<tr><td>종신보험</td><td></td><td></td><td></td><td></td><td></td><td></td></tr>
<tr><td>주택화재보험</td><td></td><td></td><td></td><td></td><td></td><td></td></tr>
<tr><td>기타</td><td></td><td></td><td></td><td></td><td></td><td></td></tr>
<tr><td colspan="6">보 장 성　보 험 료　　소 계</td><td></td><td></td></tr>
<tr><td rowspan="5">건강관리비</td><td>병원비</td><td></td><td></td><td></td><td></td><td></td><td></td></tr>
<tr><td>약재비</td><td></td><td></td><td></td><td></td><td></td><td></td></tr>
<tr><td>건강보조제 구입</td><td></td><td></td><td></td><td></td><td></td><td></td></tr>
<tr><td>헬스이용권</td><td></td><td></td><td></td><td></td><td></td><td></td></tr>
<tr><td>기타</td><td></td><td></td><td></td><td></td><td></td><td></td></tr>
<tr><td colspan="6">건 강 관 리 비　　소 계</td><td></td><td></td></tr>
</table>

Monthly
Total

항목		내용	사용처	날짜	금액	결제방식
교통비	버스 · 지하철					
	택시					
	기타					
교 통 비 소 계						
차량유지비	자동차보험					
	유류비					
	특별비					
	기타					
차 량 유 지 비 소 계						
문화생활비	도서					
	공연					
	여행					
	기타					
문 화 생 활 비 소 계						
패션뷰티꾸밈비	의류					
	액세서리					
	헤어					
	뷰티					
	기타					
패 션 뷰 티 꾸 밈 비 소 계						
장보기 · 식비	대형마트					
	시장					
	인터넷 쇼핑몰					
	TV 홈쇼핑					
	외식					
장 보 기 · 식 비 소 계						

4 APRIL

4

항목		내용	사용처	날짜	금액	결제방식
유흥비	가족 모임					
	지인 모임					
	기타					
유 흥 비 소 계						
부모님 봉양비	용돈					
	물품					
	의료					
	기타					
부 모 님 봉 양 비 소 계						
자녀 양육비	용돈					
	교재비					
	교육비					
	기타					
자 녀 양 육 비 소 계						
기타 활동비	종교생활					
	경조사비					
	기부금					
	선물					
	기타					
기 타 활 동 비 소 계						
장기 할부	가전 · 가구					
	패션 · 뷰티					
	건강보조용품					
	주방생활용품					
	기타					
장 기 할 부 소 계						

■ 한눈에 보는 2016년 4월 우리 집 수입과 지출

	항목	내용	수입원	날짜	금액	비고
수입	근로소득					
	자산운용소득 (이자 · 배당)					
	임대소득					
	기타소득					
				수 입 합 계		

	항목	내용	운용처	날짜	금액	비고
재테크	부동산					
	저축					
	투자성 상품					
	저축성 보험					
	기타					
				재 테 크 합 계		

	항목	내용	납부처	날짜	금액	비고
세금	세금1					
	세금2					
	세금3					
	세금4					
	세금5					
				세 금 합 계		

MEMO

4 APRIL

S u n d a y	M o n d a y	T u e s d a y	W e d n e s d a y
1 근로자의 날	2	3	4
8 어버이날	9	10	11
15 스승의 날	16 성년의 날	17 (음) 4.11	18
22	23	24	25
29	30	31	

1 근로자의 날

Thursday	Friday	Saturday
5 입하 어린이날	6	7 (음) 4.1
12	13	14 석가탄신일
19	20 소만	21 부부의 날
26	27 (음) 4.21	28

5

2 0 1 6

4 April

Su	Mo	Tu	We	Th	Fr	Sa
					1	2
3	4	5	6	7	8	9
10	11	12	13	14	15	16
17	18	19	20	21	22	23
24	25	26	27	28	29	30

6 June

Su	Mo	Tu	We	Th	Fr	Sa
			1	2	3	4
5	6	7	8	9	10	11
12	13	14	15	16	17	18
19	20	21	22	23	24	25
26	27	28	29	30		

01		근로자의 날 일요일	02		월요일	03		화요일	04		수요일
수입 내용	금액		내용	금액		내용	금액		내용	금액	

들어온 돈 총액 | 들어온 돈 총액 | 들어온 돈 총액 | 들어온 돈 총액

■ 현금 사용　■ 카드 사용

지출 내용	금액	내용	금액	내용	금액	내용	금액

카드 사용 총액 | 카드 사용 총액 | 카드 사용 총액 | 카드 사용 총액

현금 사용 총액 | 현금 사용 총액 | 현금 사용 총액 | 현금 사용 총액

나간 돈 총액 | 나간 돈 총액 | 나간 돈 총액 | 나간 돈 총액

05	입하 어린이날 목요일	06	금요일	07	윤 4.1 토요일
내용	금액	내용	금액	내용	금액

들어온 돈 총액		들어온 돈 총액		들어온 돈 총액	

■ 현금 사용　■ 카드 사용

내용	금액	내용	금액	내용	금액

카드 사용 총액		카드 사용 총액		카드 사용 총액	
현금 사용 총액		현금 사용 총액		현금 사용 총액	
나간 돈 총액		나간 돈 총액		나간 돈 총액	

5월 첫째 주 결산 내용

이번 주 지출 내역

고정지출

주택관련비	
공과금	
보험료	
세금	
통신비	

변동지출

교육비	
의류비	
의료비	
주식비	
외식비	
유흥비	
꾸밈비	
건강관리비	
문화생활비	
교통비	
차량유지비	
기타	

이번 주 재테크

저축	
투자	
연금	
보험	

수입 합계	
지출 합계	
카드 합계	
현금 합계	

5	08 어버이날 일요일		09 월요일		10 화요일		11 수요일	
수입	내용	금액	내용	금액	내용	금액	내용	금액
	들어온 돈 총액		들어온 돈 총액		들어온 돈 총액		들어온 돈 총액	
지출	내용	금액	내용	금액	내용	금액	내용	금액
	카드 사용 총액		카드 사용 총액		카드 사용 총액		카드 사용 총액	
	현금 사용 총액		현금 사용 총액		현금 사용 총액		현금 사용 총액	
	나간 돈 총액		나간 돈 총액		나간 돈 총액		나간 돈 총액	

12 목요일

내용	금액

들어온 돈 총액

■ 현금 사용　■ 카드 사용

내용	금액

카드 사용 총액

현금 사용 총액

나간 돈 총액

13 금요일

내용	금액

들어온 돈 총액

내용	금액

카드 사용 총액

현금 사용 총액

나간 돈 총액

14 석가탄신일 토요일

내용	금액

들어온 돈 총액

내용	금액

카드 사용 총액

현금 사용 총액

나간 돈 총액

Weekly Total

5월 둘째 주 결산 내용

이번 주 지출 내역

고정지출

주택관련비

공과금

보험료

세금

통신비

변동지출

교육비

의류비

의료비

주식비

외식비

유흥비

꾸밈비

건강관리비

문화생활비

교통비

차량유지비

기타

이번 주 재테크

저축

투자

연금

보험

수입 합계

지출 합계

카드 합계

현금 합계

5 MAY

<table>
<tr><td>5</td><td colspan="2">15 스승의 날 일요일</td><td colspan="2">16 성년의 날 월요일</td><td colspan="2">17 음 4.11 화요일</td><td colspan="2">18 수요일</td></tr>
<tr><td>수입</td><td>내용</td><td>금액</td><td>내용</td><td>금액</td><td>내용</td><td>금액</td><td>내용</td><td>금액</td></tr>
<tr><td></td><td colspan="2">들어온 돈 총액</td><td colspan="2">들어온 돈 총액</td><td colspan="2">들어온 돈 총액</td><td colspan="2">들어온 돈 총액</td></tr>
<tr><td colspan="9">■ 현금 사용　■ 카드 사용</td></tr>
<tr><td>지출</td><td>내용</td><td>금액</td><td>내용</td><td>금액</td><td>내용</td><td>금액</td><td>내용</td><td>금액</td></tr>
<tr><td></td><td colspan="2">카드 사용 총액</td><td colspan="2">카드 사용 총액</td><td colspan="2">카드 사용 총액</td><td colspan="2">카드 사용 총액</td></tr>
<tr><td></td><td colspan="2">현금 사용 총액</td><td colspan="2">현금 사용 총액</td><td colspan="2">현금 사용 총액</td><td colspan="2">현금 사용 총액</td></tr>
<tr><td></td><td colspan="2">나간 돈 총액</td><td colspan="2">나간 돈 총액</td><td colspan="2">나간 돈 총액</td><td colspan="2">나간 돈 총액</td></tr>
</table>

19	목요일	20	소만 금요일	21	부부의 날 토요일
내용	금액	내용	금액	내용	금액

들어온 돈 총액   들어온 돈 총액   들어온 돈 총액

■ 현금 사용 ■ 카드 사용

내용	금액	내용	금액	내용	금액

카드 사용 총액   카드 사용 총액   카드 사용 총액

현금 사용 총액   현금 사용 총액   현금 사용 총액

나간 돈 총액   나간 돈 총액   나간 돈 총액

5월 셋째 주 결산 내용

이번 주 지출 내역

고정지출

주택관련비

공과금

보험료

세금

통신비

변동지출

교육비

의류비

의료비

주식비

외식비

유흥비

꾸밈비

건강관리비

문화생활비

교통비

차량유지비

기타

이번 주 재테크

저축

투자

연금

보험

수입 합계

지출 합계

카드 합계

현금 합계

5 MAY

22	일요일	23	월요일	24	화요일	25	수요일
수입 내용	금액	내용	금액	내용	금액	내용	금액
들어온 돈 총액		들어온 돈 총액		들어온 돈 총액		들어온 돈 총액	

■ 현금 사용   ■ 카드 사용

지출 내용	금액	내용	금액	내용	금액	내용	금액
카드 사용 총액		카드 사용 총액		카드 사용 총액		카드 사용 총액	
현금 사용 총액		현금 사용 총액		현금 사용 총액		현금 사용 총액	
나간 돈 총액		나간 돈 총액		나간 돈 총액		나간 돈 총액	

26 목요일 | 27 윤 4.21 금요일 | 28 토요일

내용	금액	내용	금액	내용	금액

| 들어온 돈 총액 | | 들어온 돈 총액 | | 들어온 돈 총액 | |

■ 현금 사용   ■ 카드 사용

내용	금액	내용	금액	내용	금액

카드 사용 총액		카드 사용 총액		카드 사용 총액	
현금 사용 총액		현금 사용 총액		현금 사용 총액	
나간 돈 총액		나간 돈 총액		나간 돈 총액	

5월 넷째 주 결산 내용

이번 주 지출 내역

고정지출

주택관련비	
공과금	
보험료	
세금	
통신비	

변동지출

교육비	
의류비	
의료비	
주식비	
외식비	
유흥비	
꾸밈비	
건강관리비	
문화생활비	
교통비	
차량유지비	
기타	

이번 주 재테크

저축	
투자	
연금	
보험	

수입 합계

지출 합계

카드 합계

현금 합계

5	**29** 일요일	**30** 월요일	**31** 화요일

5월 마지막 주 결산 내용

이번 주 지출 내역

수입	내용	금액	내용	금액	내용	금액

들어온 돈 총액 | 들어온 돈 총액 | 들어온 돈 총액

■ 현금 사용   ■ 카드 사용

지출	내용	금액	내용	금액	내용	금액

카드 사용 총액 | 카드 사용 총액 | 카드 사용 총액

현금 사용 총액 | 현금 사용 총액 | 현금 사용 총액

나간 돈 총액 | 나간 돈 총액 | 나간 돈 총액

고정지출

주택관련비

공과금

보험료

세금

통신비

변동지출

교육비

의류비

의료비

주식비

외식비

유흥비

꾸밈비

건강관리비

문화생활비

교통비

차량유지비

기타

이번 주 재테크

저축

투자

연금

보험

수입 합계

지출 합계

카드 합계

현금 합계

맞벌이부부는
상황에 맞게 공제를 몰아주자

맞벌이 부부의 경우 공제를 적용받을 때 소득이 큰 쪽에 교육비, 보험료 등 공제를 몰아주는 게 절세 측면에서 유리해요. 1년간 더 많은 세금을 낸 쪽이 환급액도 크기 때문이죠. 소득이 높을수록 부담세율이 높기 때문에 부부 중 소득이 높은 사람에게 공제를 많이 적용하면 세금 부담액을 줄일 수 있어요. 하지만 최저 사용액 조건을 맞춰야 하는 의료비(총 급여의 3% 이상)나 신용카드(25% 이상)의 경우 오히려 소득이 적은 배우자가 공제를 받는 것이 유리해요.

★ 나

★ 배우자

5	항목	내용	사용처	날짜	금액	결제방식
주택관련비	주거비(월세)					
	대출(이자1)					
	대출(이자2)					
주 택 관 련 비 소 계						
공과금	관리비					
	가스					
	전기					
	수도					
공 과 금 소 계						
통신비	휴대폰					
	인터넷					
	TV 통신망					
	집전화					
통 신 비 소 계						
보장성보험료	암보험					
	의료실비보험					
	종신보험					
	주택화재보험					
	기타					
보 장 성 보 험 료 소 계						
건강관리비	병원비					
	약재비					
	건강보조제 구입					
	헬스이용권					
	기타					
건 강 관 리 비 소 계						

항목		내용	사용처	날짜	금액	결제방식
교통비	버스·지하철					
	택시					
	기타					
교 통 비 소 계						
차량유지비	자동차보험					
	유류비					
	특별비					
	기타					
차 량 유 지 비 소 계						
문화생활비	도서					
	공연					
	여행					
	기타					
문 화 생 활 비 소 계						
패션뷰티꾸밈비	의류					
	액세서리					
	헤어					
	뷰티					
	기타					
패 션 뷰 티 꾸 밈 비 소 계						
장보기·식비	대형마트					
	시장					
	인터넷 쇼핑몰					
	TV 홈쇼핑					
	외식					
장 보 기 · 식 비 소 계						

5 MAY

<table>
<tr><td>5</td><td>항목</td><td>내용</td><td>사용처</td><td>날짜</td><td>금액</td><td>결제방식</td></tr>
<tr><td rowspan="3">유흥비</td><td>가족 모임</td><td></td><td></td><td></td><td></td><td></td></tr>
<tr><td>지인 모임</td><td></td><td></td><td></td><td></td><td></td></tr>
<tr><td>기타</td><td></td><td></td><td></td><td></td><td></td></tr>
<tr><td colspan="5" align="center">유 흥 비　소 계</td><td></td><td></td></tr>
<tr><td rowspan="4">부모님 봉양비</td><td>용돈</td><td></td><td></td><td></td><td></td><td></td></tr>
<tr><td>물품</td><td></td><td></td><td></td><td></td><td></td></tr>
<tr><td>의료</td><td></td><td></td><td></td><td></td><td></td></tr>
<tr><td>기타</td><td></td><td></td><td></td><td></td><td></td></tr>
<tr><td colspan="5" align="center">부 모 님　봉 양 비　소 계</td><td></td><td></td></tr>
<tr><td rowspan="4">자녀양육비</td><td>용돈</td><td></td><td></td><td></td><td></td><td></td></tr>
<tr><td>교재비</td><td></td><td></td><td></td><td></td><td></td></tr>
<tr><td>교육비</td><td></td><td></td><td></td><td></td><td></td></tr>
<tr><td>기타</td><td></td><td></td><td></td><td></td><td></td></tr>
<tr><td colspan="5" align="center">자 녀 양 육 비　소 계</td><td></td><td></td></tr>
<tr><td rowspan="5">기타 활동비</td><td>종교생활</td><td></td><td></td><td></td><td></td><td></td></tr>
<tr><td>경조사비</td><td></td><td></td><td></td><td></td><td></td></tr>
<tr><td>기부금</td><td></td><td></td><td></td><td></td><td></td></tr>
<tr><td>선물</td><td></td><td></td><td></td><td></td><td></td></tr>
<tr><td>기타</td><td></td><td></td><td></td><td></td><td></td></tr>
<tr><td colspan="5" align="center">기 타　활 동 비　소 계</td><td></td><td></td></tr>
<tr><td rowspan="5">장기할부</td><td>가전 · 가구</td><td></td><td></td><td></td><td></td><td></td></tr>
<tr><td>패션 · 뷰티</td><td></td><td></td><td></td><td></td><td></td></tr>
<tr><td>건강보조용품</td><td></td><td></td><td></td><td></td><td></td></tr>
<tr><td>주방생활용품</td><td></td><td></td><td></td><td></td><td></td></tr>
<tr><td>기타</td><td></td><td></td><td></td><td></td><td></td></tr>
<tr><td colspan="5" align="center">장 기　할 부　소 계</td><td></td><td></td></tr>
</table>

■ 한눈에 보는 2016년 5월 우리 집 수입과 지출

	항목	내용	수입원	날짜	금액	비고
수입	근로소득					
	자산운용소득 (이자·배당)					
	임대소득					
	기타소득					
			수 입 합 계			

	항목	내용	운용처	날짜	금액	비고
재테크	부동산					
	저축					
	투자성 상품					
	저축성 보험					
	기타					
			재 테 크 합 계			

	항목	내용	납부처	날짜	금액	비고
세금	세금1					
	세금2					
	세금3					
	세금4					
	세금5					
			세 금 합 계			

MEMO

5 MAY

Sunday	Monday	Tuesday	Wednesday
			1
5 음 5.1 망종	6 현충일	7	8
12	13	14	15 음 5.11
19	20	21 하지	22
26	27	28	29

Thursday	Friday	Saturday
2	3	4
9 단오	10	11
16	17	18
23	24	25 음 5.21
30		

JUNE
6
2 0 1 6

5						May
Su	Mo	Tu	We	Th	Fr	Sa
1	2	3	4	5	6	7
8	9	10	11	12	13	14
15	16	17	18	19	20	21
22	23	24	25	26	27	28
29	30	31				

7						July
Su	Mo	Tu	We	Th	Fr	Sa
					1	2
3	4	5	6	7	8	9
10	11	12	13	14	15	16
17	18	19	20	21	22	23
24	25	26	27	28	29	30
31						

<table>
<tr><td>6</td><td>01</td><td align="right">수요일</td></tr>
</table>

수입	내용	금액
들어온 돈 총액		

■ 현금 사용　■ 카드 사용

지출	내용	금액
		■
		■
		■
		■
		■
		■
		■
		■
		■
		■
		■
		■
		■
		■
		■
		■
		■
		■
		■
		■
카드 사용 총액		
현금 사용 총액		
나간 돈 총액		

수입	내용	금액

02 목요일 | 03 금요일 | 04 토요일

내용	금액	내용	금액	내용	금액

들어온 돈 총액 | | **들어온 돈 총액** | | **들어온 돈 총액** |

■ 현금 사용   ■ 카드 사용

내용	금액	내용	금액	내용	금액

카드 사용 총액 | | **카드 사용 총액** | | **카드 사용 총액** |

현금 사용 총액 | | **현금 사용 총액** | | **현금 사용 총액** |

나간 돈 총액 | | **나간 돈 총액** | | **나간 돈 총액** |

6월 첫째 주 결산 내용

이번 주 지출 내역

고정지출

주택관련비

공과금

보험료

세금

통신비

변동지출

교육비

의류비

의료비

주식비

외식비

유흥비

꾸밈비

건강관리비

문화생활비

교통비

차량유지비

기타

이번 주 재테크

저축

투자

연금

보험

수입 합계

지출 합계

카드 합계

현금 합계

| 05 | 陰 5.1 망종 일요일 | 06 | 현충일 월요일 | 07 | 화요일 | 08 | 수요일 |

수입	내용	금액	내용	금액	내용	금액	내용	금액
	들어온 돈 총액		들어온 돈 총액		들어온 돈 총액		들어온 돈 총액	

■ 현금 사용   ■ 카드 사용

지출	내용	금액	내용	금액	내용	금액	내용	금액
	카드 사용 총액		카드 사용 총액		카드 사용 총액		카드 사용 총액	
	현금 사용 총액		현금 사용 총액		현금 사용 총액		현금 사용 총액	
	나간 돈 총액		나간 돈 총액		나간 돈 총액		나간 돈 총액	

09		단오 목요일	10		금요일	11		토요일
내용	금액		내용	금액		내용	금액	
들어온 돈 총액			들어온 돈 총액			들어온 돈 총액		

■ 현금 사용　■ 카드 사용

내용	금액	내용	금액	내용	금액
카드 사용 총액		카드 사용 총액		카드 사용 총액	
현금 사용 총액		현금 사용 총액		현금 사용 총액	
나간 돈 총액		나간 돈 총액		나간 돈 총액	

6월 둘째 주 결산 내용

이번 주 지출 내역

고정지출

주택관련비	
공과금	
보험료	
세금	
통신비	

변동지출

교육비	
의류비	
의료비	
주식비	
외식비	
유흥비	
꾸밈비	
건강관리비	
문화생활비	
교통비	
차량유지비	
기타	

이번 주 재테크

저축	
투자	
연금	
보험	

수입 합계

지출 합계

카드 합계	
현금 합계	

<table>
<tr><td>6</td><td>12</td><td>일요일</td><td>13</td><td>월요일</td><td>14</td><td>화요일</td><td>15</td><td>⑧ 5.11 수요일</td></tr>
</table>

수입	내용	금액	내용	금액	내용	금액	내용	금액

들어온 돈 총액   들어온 돈 총액   들어온 돈 총액   들어온 돈 총액

■ 현금 사용　　■ 카드 사용

지출	내용	금액	내용	금액	내용	금액	내용	금액

카드 사용 총액   카드 사용 총액   카드 사용 총액   카드 사용 총액

현금 사용 총액   현금 사용 총액   현금 사용 총액   현금 사용 총액

나간 돈 총액   나간 돈 총액   나간 돈 총액   나간 돈 총액

16	목요일	17	금요일	18	토요일
내용	금액	내용	금액	내용	금액
들어온 돈 총액		들어온 돈 총액		들어온 돈 총액	

■ 현금 사용   ■ 카드 사용

내용	금액	내용	금액	내용	금액
카드 사용 총액		카드 사용 총액		카드 사용 총액	
현금 사용 총액		현금 사용 총액		현금 사용 총액	
나간 돈 총액		나간 돈 총액		나간 돈 총액	

6월 셋째 주 결산 내용

이번 주 지출 내역

고정지출

주택관련비	
공과금	
보험료	
세금	
통신비	

변동지출

교육비	
의류비	
의료비	
주식비	
외식비	
유흥비	
꾸밈비	
건강관리비	
문화생활비	
교통비	
차량유지비	
기타	

이번 주 재테크

저축	
투자	
연금	
보험	

수입 합계
지출 합계
카드 합계	
현금 합계	

19	일요일	20	월요일	21	하지 화요일	22	수요일
수입							
내용	금액	내용	금액	내용	금액	내용	금액
들어온 돈 총액		들어온 돈 총액		들어온 돈 총액		들어온 돈 총액	

■ 현금 사용   ■ 카드 사용

지출 내용	금액	내용	금액	내용	금액	내용	금액
카드 사용 총액		카드 사용 총액		카드 사용 총액		카드 사용 총액	
현금 사용 총액		현금 사용 총액		현금 사용 총액		현금 사용 총액	
나간 돈 총액		나간 돈 총액		나간 돈 총액		나간 돈 총액	

23	목요일	24	금요일	25	음 5.21 토요일
내용	금액	내용	금액	내용	금액

들어온 돈 총액 / 들어온 돈 총액 / 들어온 돈 총액

■ 현금 사용　■ 카드 사용

내용	금액	내용	금액	내용	금액

카드 사용 총액 / 카드 사용 총액 / 카드 사용 총액

현금 사용 총액 / 현금 사용 총액 / 현금 사용 총액

나간 돈 총액 / 나간 돈 총액 / 나간 돈 총액

6월 넷째 주 결산 내용

이번 주 지출 내역

고정지출

주택관련비

공과금

보험료

세금

통신비

변동지출

교육비

의류비

의료비

주식비

외식비

유흥비

꾸밈비

건강관리비

문화생활비

교통비

차량유지비

기타

이번 주 재테크

저축

투자

연금

보험

수입 합계

지출 합계

카드 합계

현금 합계

6	**26**	일요일	**27**	월요일	**28**	화요일	**29**	수요일
수입	내용	금액	내용	금액	내용	금액	내용	금액
	들어온 돈 총액		들어온 돈 총액		들어온 돈 총액		들어온 돈 총액	

■ 현금 사용   ■ 카드 사용

지출	내용	금액	내용	금액	내용	금액	내용	금액
	카드 사용 총액		카드 사용 총액		카드 사용 총액		카드 사용 총액	
	현금 사용 총액		현금 사용 총액		현금 사용 총액		현금 사용 총액	
	나간 돈 총액		나간 돈 총액		나간 돈 총액		나간 돈 총액	

30   목요일

내용	금액

들어온 돈 총액	

■ 현금 사용 ■ 카드 사용

내용	금액	
		■
		■
		■
		■
		■
		■
		■
		■
		■
		■
		■
		■
		■
		■
		■
		■
		■

카드 사용 총액	
현금 사용 총액	
나간 돈 총액	

Weekly Total

6월 마지막 주 결산 내용

이번 주 지출 내역

고정지출

주택관련비	
공과금	
보험료	
세금	
통신비	

변동지출

교육비	
의류비	
의료비	
주식비	
외식비	
유흥비	
꾸밈비	
건강관리비	
문화생활비	
교통비	
차량유지비	
기타	

이번 주 재테크

저축	
투자	
연금	
보험	

수입 합계	
지출 합계	
카드 합계	
현금 합계	

6	항목	내용	사용처	날짜	금액	결제방식
주택관련비	주거비(월세)					
	대출(이자1)					
	대출(이자2)					
주 택 관 련 비 소 계						
공과금	관리비					
	가스					
	전기					
	수도					
공 과 금 소 계						
통신비	휴대폰					
	인터넷					
	TV 통신망					
	집전화					
통 신 비 소 계						
보장성보험료	암보험					
	의료실비보험					
	종신보험					
	주택화재보험					
	기타					
보 장 성 보 험 료 소 계						
건강관리비	병원비					
	약재비					
	건강보조제 구입					
	헬스이용권					
	기타					
건 강 관 리 비 소 계						

■ 한눈에 보는 2016년 6월 우리 집 수입과 지출

항목		내용	사용처	날짜	금액	결제방식
교통비	버스·지하철					
	택시					
	기타					
교 통 비 소 계						
차량유지비	자동차보험					
	유류비					
	특별비					
	기타					
차 량 유 지 비 소 계						
문화생활비	도서					
	공연					
	여행					
	기타					
문 화 생 활 비 소 계						
패션뷰티꾸밈비	의류					
	액세서리					
	헤어					
	뷰티					
	기타					
패 션 뷰 티 꾸 밈 비 소 계						
장보기·식비	대형마트					
	시장					
	인터넷 쇼핑몰					
	TV 홈쇼핑					
	외식					
장 보 기 · 식 비 소 계						

6 JUNE

6	항목	내용	사용처	날짜	금액	결제방식
유흥비	가족 모임					
유흥비	지인 모임					
유흥비	기타					
	유 흥 비 소 계					
부모님 봉양비	용돈					
부모님 봉양비	물품					
부모님 봉양비	의료					
부모님 봉양비	기타					
	부 모 님 봉 양 비 소 계					
자녀양육비	용돈					
자녀양육비	교재비					
자녀양육비	교육비					
자녀양육비	기타					
	자 녀 양 육 비 소 계					
기타활동비	종교생활					
기타활동비	경조사비					
기타활동비	기부금					
기타활동비	선물					
기타활동비	기타					
	기 타 활 동 비 소 계					
장기할부	가전 · 가구					
장기할부	패션 · 뷰티					
장기할부	건강보조용품					
장기할부	주방생활용품					
장기할부	기타					
	장 기 할 부 소 계					

■ 한눈에 보는 2016년 6월 우리 집 수입과 지출

	항목	내용	수입원	날짜	금액	비고
수입	근로소득					
	자산운용소득 (이자·배당)					
	임대소득					
	기타소득					
			수 입 합 계			

	항목	내용	운용처	날짜	금액	비고
재테크	부동산					
	저축					
	투자성 상품					
	저축성 보험					
	기타					
			재 테 크 합 계			

	항목	내용	납부처	날짜	금액	비고
세금	세금1					
	세금2					
	세금3					
	세금4					
	세금5					
			세 금 합 계			

2분기 지출 총계		2분기 평가	
2분기 수입 총계			
2분기 재테크 총계			2분기 결산표
2분기 세금 총계			
2분기 경제 환경	금리 :　　종합주가지수 :　　환율 :		
2분기 타임캡슐 평가			

Summer

소면과 함께 먹는 닭가슴살 초계탕

"여름철에는 흔히 삼계탕을 먹기 좋은 보양식으로 손꼽지요. 그런데 먹는 사람은 보양식을 먹어서 좋지만 아이러니하게도 만드는 사람은 더운 날 불 앞에서 오랜 시간 견뎌야 합니다. 불 앞에 오래 있지 않아도 되는 닭가슴살 초계탕은 고소한 깨국물에 탱탱한 소면을 말아 먹는 최고의 보양식입니다."

● 재료

□ 닭가슴살 1덩이　　□ 소면 70~80g(1인분)　　□ 시판용 냉면육수 1봉
□ 적양배추 2장　　□ 깻잎 5장　　□ 양파 1/4개　　□ 볶은 참깨 1/2봉

● 국물 양념

□ 물 1/4컵　　□ 식초 1~1.5큰술　　□ 설탕 1/2큰술　　□ 연겨자 1작은술　　□ 소금 약간

● 닭가슴살 밑간 양념

□ 청주(또는 맛술) 1큰술　　□ 소금 약간

1 미리 냉장고에 1.5리터(페트병 활용) 물을 넣고 차게 준비한다.

2 소면은 넉넉한 끓는 물에 넣고 3~4분간 저으면서 삶는다.

3 삶은 소면은 곧바로 체에 쏟아 붓고 찬물로 헹군다.

4 넓은 볼에 찬물로 헹군 소면을 담고 냉장고에 미리 준비해 둔 찬물로 헹군 뒤 채반에 담아 물기를 뺀다.

1 씻은 닭가슴살은 밑간 양념에 재운다. 팬에 물 약간을 넣고 뚜껑을 덮어 중간 불에서 찌듯이 익힌다.
  익힌 닭가슴살은 식힌 뒤 결대로 찢는다.

2 양파, 적양배추, 깻잎은 곱게 채를 썰어 얼음물 또는 찬물에 담갔다가 건져 물기를 뺀다.

3 냉면육수 1/2 분량, 볶은 깨를 믹서에 넣고 곱게 간 뒤 남은 냉면육수를 붓고 섞는다.

4 체에 내린 뒤 깨국물은 냉장고에 넣고 차게 보관한다.

5 연겨자는 깨국물을 약간 넣고 잘 푼다. 체에 내린 깨국물에 국물 양념을 넣고 섞는다.

6 그릇에 소면을 담고 준비한 국물을 붓는다. 닭가슴살과 채소를 올린다.

부추 된장찌개

● 재료

□ 부추 60g
□ 소고기(기름 없는 부위) 50g
□ 두부 1/4모
□ 표고버섯 2개
□ 양파 30g   □ 청양고추 1개

● 양념

□ 된장 1.5큰술
□ 다진 마늘 1작은술
□ 고춧가루 1작은술
□ 멸치육수 1.5컵

1 표고버섯과 양파는 얇게 모양대로 채를 썬다.
  청양고추는 송송 썰고, 두부는 한입 크기로 썬다.
  부추는 4㎝ 길이로 자르고 소고기는 잘게 썬다.

2 뚝배기에 소고기, 된장, 다진 마늘을 넣고 섞는다.

3 멸치육수를 넣고 바글바글 끓인다.

4 국물이 끓으면 표고버섯, 양파, 두부를 넣고 5분 정도 더 끓인다.

5 마지막에 부추와 청양고추를 넣고 한소끔 더 끓인다.

"돼지고기는 별다른 양념 없이
소금과 후추만을 뿌려서
구워 먹어도 맛있습니다.
또 고추장 양념으로 제육볶음을
해먹어도 맛있지요.
입맛 없을 때, 뭔가 색다른 맛을
찾게 될 때 돼지고기에 구수한
된장과 마늘향을 더하면
담백하면서도 감칠맛이 좋은
여름 반찬이 됩니다."

마늘종 된장 제육볶음

● 재료

□ 돼지고기 250g
□ 마늘종 30g
□ 대파 1대　□ 마늘 3개

● 양념

□ 된장 1큰술
□ 맛술 1큰술
□ 다시마물 1큰술
□ 올리고당 1/2큰술
□ 후추　□ 소금

1　돼지고기에 소금과 후추로 밑간을 한다.

2　분량대로 양념장을 만든다.

3　마늘종은 2㎝ 길이로 자르고, 대파는 어슷하게 썬다.
　　마늘은 납작하게 썬다.

4　팬에 밑간을 한 돼지고기와 마늘을 넣고 앞뒤로 노릇하게 굽는다.

5　돼지고기가 익으면 대파, 마늘종, 양념장을 넣고 섞으면서 볶는다.

꽈리고추 어묵조림

● 재료

☐ 꽈리고추 300g
☐ 어묵 250g
☐ 마늘 2통(마늘 12쪽 정도)

● 양념

☐ 간장 3큰술
☐ 설탕 1큰술
☐ 올리고당 1큰술
☐ 맛술 1/2큰술
☐ 참기름 1/2큰술　☐ 참깨
☐ 올리브오일 1큰술

1　꽈리고추는 꼭지를 딴 후 먹기 좋게 자르고, 마늘은 납작하게 썬다.

2　어묵은 끓는 물에 넣고 데친 뒤 채반에 담아 물기를 뺀다.

3　팬에 올리브오일을 두르고 마늘을 볶아 향을 낸 뒤
　꽈리고추를 넣고 볶는다.

4　분량대로 간장, 설탕을 넣고 볶다가 어묵을 넣는다.
　꽈리고추가 부드러워질 때까지 졸이면서 볶는다.

5　올리고당을 넣고 조금 더 볶은 뒤
　마지막에 참기름과 참깨를 넣고 섞는다.

"가지는 약 92%가 수분으로 땀을 많이 흘리는 여름에 먹으면 좋은 채소입니다.
가격도 저렴한 여름 제철 가지로 아주 간단하게 가지찜 반찬을 만들어보세요."

초간단 가지찜

● 재료

□ 가지 2개

● 양념

□ 간장 2큰술
□ 설탕 1/2작은술
□ 다진 파 2큰술
□ 고춧가루 1작은술
□ 참깨 1/2큰술
□ 참기름 1/2큰술

1 가지는 깨끗하게 씻어 꼭지를 따고 반을 갈라서 한입 크기로 썬다.

2 분량대로 양념장을 만든다.

3 전자레인지용 찜기에 물 2큰술과 가지를 넣고
전자레인지에서 1분 30초간 돌려 익힌다.

4 뚜껑을 열고 아래 위로 뒤적인 뒤
다시 뚜껑을 덮고 1분 30초 정도 더 익힌다.

5 뚜껑을 열고 가지를 식힌 뒤 접시에 담는다.
준비한 양념장을 골고루 뿌린다.

노각무침

● 재료

□ 노각 600g(큰 것 1개)

● 양념

□ 고춧가루 1큰술
□ 고추장 1작은술
□ 다진 마늘 1작은술
□ 다진 파 1큰술
□ 식초 1큰술(2배 식초 1작은술)
□ 설탕 1작은술
□ 참깨 1큰술
□ 소금 1/2작은술

1 노각은 반으로 갈라 속을 파내고 껍질을 벗긴 후 얇게 썬다.
   노각을 썰 때는 사진과 같이 결 반대로 썰면 물이 덜 생긴다.

2 비닐봉지에 노각을 담고 소금 1큰술, 설탕 2큰술, 식초 1/2큰술을 넣고
   양념이 노각에 잘 배도록 봉지를 흔들어 섞은 뒤 10분 정도 절인다.

3 10분 뒤 절인 노각은 물기를 꼭 짠다.

4 볼에 노각을 담는다.
   양념을 분량대로 넣고 조물조물 버무린다.

 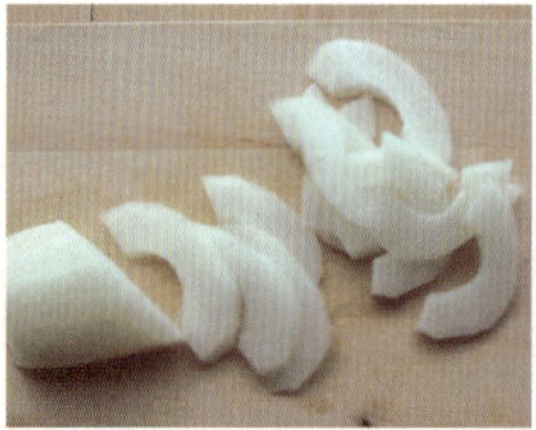  

애호박 초무침

● 재료

□ 애호박 1개

● 양념

□ 식초 1큰술 □ 간장 2큰술 □ 참깨 1/2큰술
□ 다진 파 1큰술 □ 다진 마늘 1/2큰술 □ 설탕 1/2큰술
□ 다진 붉은 고추 1작은술 □ 다진 풋고추 1큰술
□ 식초 1큰술 □ 간장 2큰술 □ 참깨 1/2큰술

1 애호박은 세로로 반을 잘라 3~4분정도 찐다.
   찐 애호박은 식힌 후 7㎜ 두께로 썬다.

2 분량대로 양념장을 만들어 찐 애호박을 버무린다.

콩나물 초무침

● 재료

□ 콩나물 250g □ 양파 1/4개
□ 청양고추 1개 □ 붉은 고추 1/2개

● 양념

□ 식초 2큰술 □ 간장 2큰술 □ 참깨 1큰술
□ 매실액 1큰술 □ 설탕 1/2큰술

1 양파와 고추는 다지고, 분량대로 양념장을 만든다.
   다진 양파만 양념장에 넣고 섞는다.

2 콩나물은 씻어 데친 후 찬물에 헹궈 냉장고에 넣는다.

3 양념장을 한 수저씩 넣으면서 콩나물을 무친다.

양파김치

"양파김치는 늦은 봄에서 초여름 사이 수확철에 햇양파로 담가 폭 익혀서 먹으면 가장 맛있습니다.
양파는 중간 크기로 단단하고 모양이 고른 것을 고르세요.
담근 양파 김치는 하루 정도 실온에 두고 익힌 뒤 김치냉장고에 넣으면 됩니다."

● 재료

□ 양파 10개(중간 크기)
□ 부추 70g
□ 무 150g
□ 당근 50g
□ 붉은 고추 3개

● 절임 양념

□ 굵은 소금 1/2컵
□ 물 7컵
□ 식초 5큰술

● 김치 양념

□ 고춧가루 1/2컵
□ 찹쌀풀 1/2컵
　(멸치육수 1/2컵 + 찹쌀가루 2큰술)
□ 다진 마늘 2큰술
□ 다진 생강 1작은술
□ 멸치액젓 2큰술
□ 새우가루 1큰술
□ 매실액 1큰술
□ 소금 1/2작은술

● 김치 밑국물

□ 멸치육수 1컵
□ 소금

1 양파는 껍질을 벗겨 4등분으로 자른다.
　 절임 양념에 담가 1시간 정도 절인 후 물기를 뺀다.

2 무, 부추, 당근은 3㎝ 길이로 채를 썰고, 붉은 고추는 씨를 빼고 어슷하게 썬다.

3 고춧가루에 찹쌀풀을 넣고 섞어 20분간 실온에 둔다.
　 20분 후 나머지 김치 양념을 모두 넣고 섞는다.

4 넓은 볼에 양념과 채소를 넣고 버무리다가 양파를 넣고
　 양념이 골고루 배도록 버무린다.

5 보관용기에 양념으로 버무린 양파김치를 담는다.
　 준비한 김치 밑국물로 볼에 묻은 양념을 닦아내고
　 부족한 간은 소금으로 맞춘다.
　 용기에 담은 양파김치 위에 김치 국물을 붓는다.

참타리버섯 피클

● 재료

□ 참타리버섯 1팩
□ 마른 홍고추 1개
□ 마늘 2쪽

● 양념

□ 식초 1/2컵
□ 매실액 1/2컵
□ 물 1/2컵
□ 소금 1작은술

1 참타리버섯은 밑동을 깨끗하게 다듬어 흐르는 물에 살짝 씻는다. 먹기 좋게 갈라 보관용기에 담는다.

2 마른 고추는 씨를 빼서 송송 썰고, 마늘은 얇게 모양대로 썬다.

3 냄비에 분량대로 피클용 양념과 마늘, 마른 고추를 넣고 끓인다.

4 피클용 밑국물이 팔팔 끓으면 불을 끄고, 보관용기에 담아놓은 버섯 위에 그대로 붓는다.

5 상온에서 식힌 다음 냉장고에 넣고 반나절 정도 지나서부터 먹으면 된다.

보송보송 위생관리법 습기 많은 여름철 주방 사수하기

미션 1 넘쳐나는 집안 습기를 제거하라

덥고 습한 장마철에는 곳곳에 넘쳐나는 습기를 잡아주어야 곰팡이나 불쾌한 냄새를 줄일 수 있습니다. 제습기나 습기 제거제 외에 집안 습기를 잡을 수 있는 방법은 무엇이 있을까요?

신문지를 활용하라

신문지는 종이의 재질 상 습기 제거 기능이 있고, 잉크는 해충 예방 효과까지 있습니다. 옷을 접을 때 옷 속에 넣거나 옷과 옷 사이에 한 장씩 넣어주면 됩니다. 이불장 속 이불 사이사이에도 신문지를 넣어두면 좋지만, 넣고 빼기가 쉽지 않아요. 이럴 때는 신문지 속에 마분지를 넣고 감싼 다음 빳빳하게 만들어 이불 사이에 넣어두면 됩니다.

쓰고 남은 원두커피를 활용하라

커피 찌꺼기나 베이킹소다를 통에 담아 신발장 등에 넣어두면 습기 제거와 탈취 효과를 동시에 볼 수 있습니다. 단, 커피 찌꺼기는 완전히 말린 다음 사용해야 곰팡이가 생기지 않아요. 탈취제로 사용한 커피 찌꺼기는 일반 쓰레기로 버려야 하고, 베이킹소다는 청소할 때 사용하면 됩니다.

■ **커피 찌꺼기 말리는 방법**
1 넓은 쟁반에 펼쳐 담아 바람이 잘 통하는 곳에서 말린다.
2 전자레인지에 넣고 1~2분 정도 돌린다.
3 프라이팬에 기름 등 다른 것은 넣지 않고 깨를 볶듯이 볶는다.

국물용 다시백에 커피 찌꺼기를 넣고 신문지를 뭉쳐서 작은 양파망에 넣은 다음 신발 속에 하나씩 넣어두면 신던 신발이 보송보송해지고 발냄새도 줄일 수 있습니다. 김이나 과자 등에 들어 있는 실리카겔도 버리지 말고 모아두었다가 양파망 속에 함께 넣어주면 좋아요.

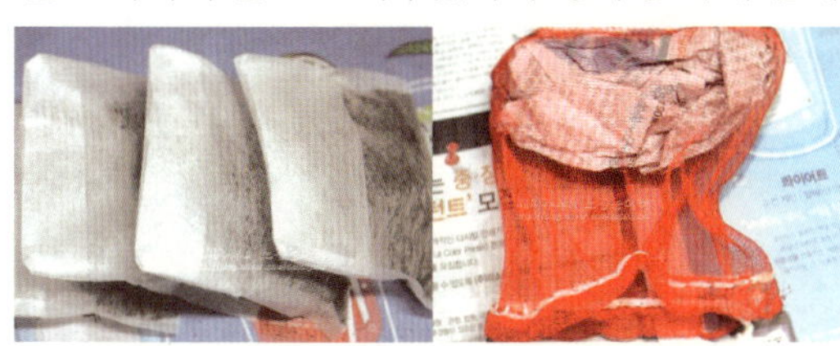
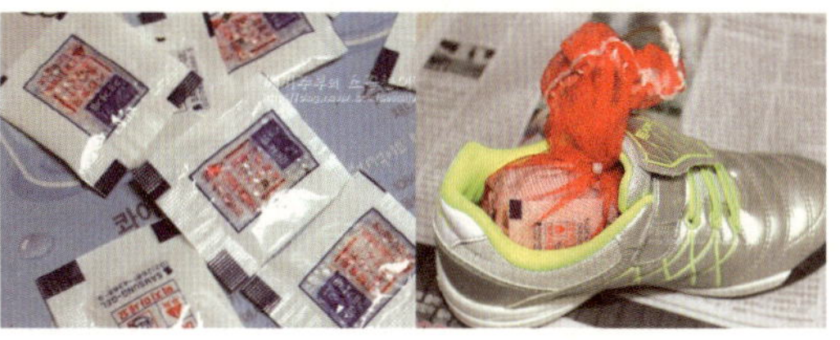

에탄올과 물을 1:4로 희석해 눅눅한 벽에 스프레이를 해주면 알코올이 증발하면서 벽면의 수분까지 함께 날아가므로 습기 제거에 도움이 돼요. 이때 벽면을 향해 선풍기를 틀어두면 효과가 더욱 좋아요.

etc.

방향제나 인테리어 효과를 위해 많이 사용하는 캔들도 습기 제거 효과가 탁월해요. 그러나 욕실 등 밀폐된 공간에서 사용할 때는 특히 환기에 신경을 써야 합니다. 이왕이면 천연재료로 만든 캔들이 좋아요. 숯도 집안 곳곳에 놓아두면 탈취 기능과 함께 습기 제거 효과가 있지만, 무엇보다 햇볕 좋은 날엔 이것저것 내다 말리면서 소독하는 습관을 들이는 것이 더욱 중요합니다.

미션 2 냉장고를 소독하라

냉장고는 만능 저장고가 아닙니다. 냉장고 속에는 낮은 온도에서 생존하는 저온균이 존재하죠. 조금이라도 상한 음식은 버려야 해요. 특히 여름철에는 더욱 더 냉장고를 믿지 마세요! 최소한 분기별로 한 번씩은 냉장고를 비워서 청소해 주는 것이 좋아요. 냉장고를 완전히 비우고 닦아낼 수 있으면 좋겠지만, 그럴 수 없다면 냉장실 또는 냉동실 하나씩 돌아가면서 청소해 주세요.

냉장고 청소를 쉽게 하기 위해서는 냉장고를 최대한 비운 상태에서 청소를 시작하는 것이 중요해요. 냉장고 청소를 마음먹었다면 일주일이든 한 달이든 냉장고 속에 있는 식재료나 음식을 먹어치울 수 있는 위주로 메뉴를 짜고, 부족한 것만 사서 요리를 하세요. 그렇게 최대한 냉장고를 비우고 난 후에 청소를 시작하면 훨씬 쉽고 빠르답니다.

냉장고 청소

- 준비물 : 울트라클린, 젖은 행주, 마른행주
- 소요시간 : 1시간 내외

1 냉장고에 있는 음식과 식재료를 모두 꺼내고 상하기 쉬운 것은 김치냉장고나 아이스박스에 보관한다.
2 선반과 서랍을 모두 뺀다.
3 냉장고 내부에 울트라클린을 골고루 뿌리고 행주로 닦아준 다음, 마른행주로 마무리한다.

4 빼낸 서랍과 선반을 닦을 차례다. 씽크대에서 한 개씩 닦아도 되고, 욕조에서 한꺼번에 닦아도 된다.
단, 뜨거운 물에 주방세제 한두 방울과 베이킹소다를 섞어 세제 물을 만든 다음 수세미를 적셔서 닦으면
세제 양도 줄이고, 선반이나 서랍에 눌어붙은 음식물 얼룩도 불리지 않고 쉽게 닦을 수 있어 좋다.
다 닦은 서랍과 선반은 물기를 뺀 다음 완전히 말리거나 마른행주로 닦아 다시 설치한다.

5 소스나 오일 등 냉장고에 있던 병들과 수납에 사용한 바구니도 모두 깨끗이 닦아서 넣는다.

■ 냉장고 청소용 세제

닫힌 공간에서 음식을 보관하는 냉장고는 화학성분이나 냄새가 남아 있으면 안
되므로 세제 선택 시 꼼꼼히 따져보아야 해요. 시판 청소용 세제 외에 에탄올이나
구연산수를 뿌려 닦아주는 것도 좋아요.

▶ 쎄씨주부가 추천하는 냉장고 청소용 세제 '울트라클린'의 장점
- 얼룩이 잘 닦인다.
- 살균력이 좋다.
- 화학성분이 없다.
- 냄새와 기품이 없다.

냉장고 수납 및 정리

■ 냉동실

1 멸치, 다시마 등의 건조 식재료는 길쭉한 용기에 담아 파일박스를 이용해 눕혀서
쌓아놓으면 편리하다. 또 용기 뚜껑에 이름을 표기해 두면 필요한 걸 꺼내 쓰고
넣을 때 편리하다.

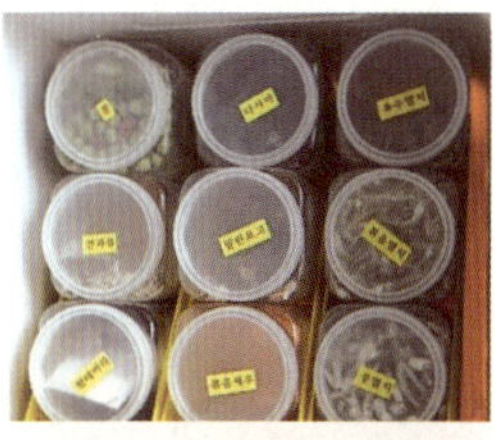

2 식재료나 음식들은 납작 용기에 소분해서 세워 보관하면 꺼내 쓰기 편리하다.
단, 얼기 전에는 반드시 쌓아서 얼려야 모양이 흐트러지지 않는다.

3 트레이나 바구니를 이용해 납작 용기 등을 수납하면 뒤쪽에 있는 물건을 꺼내
쓰기도 편리하다.

■ 냉장실

1 채소를 보관하는 서랍은 바구니로 칸을 나누어 놓으면 크기별로 구분해서
관리할 수 있다. 또 재료가 뒤섞이지 않아 편리하다. 이때 똑같은 바구니를
사용하면 덩치가 큰 식재료를 넣어야 할 때 바구니가 필요 없게 된다.
즉, 바구니를 겹쳐놓으면 냉장고에서 바구니를 빼지 않아도 되므로 덜 번거롭다.

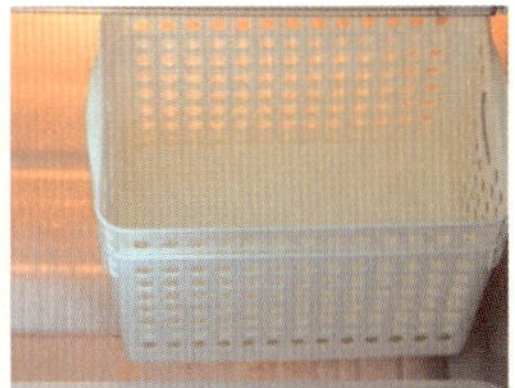

2 반찬 그릇 등을 안쪽으로 깊숙이 넣게 되면 뒤에 있는 걸 꺼낼 때 불편하고,
또 보이지 않으면 잘 먹지 않게 되어 상해서 버리게 되는 경우도 종종 있다.
따라서 길쭉한 트레이나 바구니를 이용해 꺼내기 쉽게 수납하도록 한다.

3 문짝에 많이 보관하는 각종 소스들은 보관용기를 통일해 주면 훨씬 깔끔해 보인다.
굳이 돈 주고 산 용기가 아닌 재활용 용기라도 상관없다!

4 과일은 바구니보다 종이가방을 안으로 접어 넣어 바구니 형태로 만든 후 보관하면 공간 활용에 더욱 좋다.

미션 3 주방 돋보기

식기

● 준비물 : 물, 넓고 큰 냄비, 베이킹소다 또는 구연산
● 소요시간 : 1시간 이내

스테인리스 식기는 최소 한 달에 한 번 정도는 삶아서 사용하면 좋아요(특히 여름엔 1~2주에 한 번 정도). 식기는 목적에 따라 두 가지 방법으로 삶으면 됩니다.

■ 살균을 위해 삶으려면

1 깨끗이 세척한 수저를 맹물에 담근 후 폭폭 끓인다.

2 헹굴 필요 없이 건져내 그대로 말린다. 스테인리스 수저통이라면 수저를 꽂은 채
통째로 삶았다가 그대로 건져서 건조하면 된다.

■ 반짝반짝 광이 나게 하기 위해 삶으려면

1 수저가 잠길 만큼의 물에 베이킹소다나 구연산(또는 베이킹소다와 구연산을 함께)을
밥숟가락으로 하나 정도 넣고 수저를 10~20분 정도 담가놓았다 끓인다.

2 베이킹소다가 들어가면 얼룩이 남을 수 있으므로 깨끗이 헹군 다음 건조한다.

3 1번의 과정(맹물에서 다시 한 번 삶기)을 다시 한 번 거친다면 금상첨화!

남아 있는 물이 깨끗하고 뜨겁다면 스테인리스 주방도구, 실리콘 용품 등을 삶아 물과 시간을 절약할 수 있어요. 만일 손잡이가 플라스틱 등의 소재로 되어 있는 수저라면 스테인리스 부분만 삶아야 해요. 깊이가 깊은 길쭉한 통에 스테인리스 부분이 아래로 가도록 꽂고 뜨거운 물을 부어 담가두면 됩니다.

행주와 수세미

● 준비물 : 물, 행주 삶을 냄비, 주방 세제 또는 행주 전용 비누, 베이킹소다, 산소계 표백제, 고무장갑, 면장갑
● 소요시간 : 30분 이내

다양한 소재의 행주는 소재에 따라 살균 소독법도 약간씩 달라요. 행주는 설거지 후 매일매일 삶거나 소독을 해주는 것이 습관이 되면 좋습니다. 하지만 모아두었다 며칠에 한 번씩 소독할 경우, 사용 후 더러워진 행주는 빨아서 말려두어야 세균 번식을 줄일 수 있어요.

■ 면행주와 면수세미

1 주방세제나 행주 전용 비누로 깨끗이 빤 다음 맑은 물에 넣고 삶은 후 그대로 건져내 짜서 널어두면 된다.
   꺼낸 행주는 뜨겁기 때문에 금방 마른다. 뜨거운 행주를 꺼내고 짜는 과정에서 화상을 입지 않도록
   고무장갑 속에 면장갑을 껴주고 차가운 물에 손을 담갔다 짜준다.

2 베이킹소다와 산소계 표백제를 뿌려서 조물조물 빨아준 다음 물을 부어 삶고, 깨끗이 헹군 다음 널어주면 된다.

무엇보다 행주와 수세미는 소모품이라는 사실을 잊지 말고, 주방에서 한 달 정도 사용한 후에는 베란다나 욕실 등에서 잠시 사용하다가 버리는 것이 좋아요.

■ 극세사, 아크릴 소재의 행주와 수세미

1 따뜻한 물에 베이킹소다를 풀고 행주나 수세미를 조물조물한 다음 뜨거운 물을 부어 10~20분 정도
   담가두었다 헹군다.

2 면행주를 삶은 물에 수세미를 5분 정도 담갔다가 헹궈주면 된다.
   삶으면 수세미 실의 기능이 약해지게 되므로 끓이는 건 하지 않는게 좋다.

★ 삶지 못하는 행주와 수세미는 깨끗하게 빤 다음 울트라클린을 뿌려 건조시켜 주면 좋다.

칼

● 준비물 : 구연산 또는 식초, 물, 분무기
● 소요시간 : 2분 정도

칼도 설거지하는 정도로만 닦아서 쓰다 보면 얼룩이 생기므로 가끔은 얼룩을 제거해 주어야 합니다. 스테인리스 칼의 경우 얼룩이 생겼다면 구연산수나 식초를 물에 희석해서 뿌려주면 됩니다. 만일 얼룩이 심할 경우에는 식초원액을 사용하거나 구연산수의 농도를 진하게 해주면 됩니다. 기본 구연산수는 물 1리터에 구연산 20g의 2% 구연산수입니다. 평소에는 가끔씩 뜨거운 물로 헹구기만 해도 더욱 위생적으로 사용할 수 있답니다.

도마

● 준비물 : 천일염, 레몬, 베이킹소다, 밀가루 중 소재에 따라 선택해서 사용
● 소요시간 : 5분 이내

요즘은 도마도 소재가 다양해져 소재에 따라 약간씩 관리법이 달라야 합니다. 도마는 칼질을 하다보면 칼자국이 날 수밖에 없기 때문에 칼자국이 난 틈 사이로 세제가 끼기 쉬워요. 될 수 있으면 밀가루나 베이킹소다, 레몬 등의 먹어도 되는 재료로 닦고 나서 꼼꼼히 헹궈주는 것이 중요해요!

■ **나무 도마** : 비린내 나는 생선이나 고기를 자른 후 뜨거운 물을 부으면 안 된다. 찬물에 도마를 헹군 다음
천일염이나 레몬 조각으로 문지르고 미지근한 물로 잘 헹군 다음 바람이 잘 통하는 곳에 세워 말린다.
베이킹소다로 나무 도마를 닦으면 변색될 수 있으므로 쓰지 않는다.

■ **유리 도마** : 베이킹소다를 1스푼 뿌린 다음 부드러운 수세미로 문지르고 헹구면 된다.
강화유리로 만든 도마는 뜨거운 물로 소독할 수 있어 위생적이긴 하지만 칼날 손상이 있을 수
있으므로 조심해서 사용한다. 또 강화유리라 하더라도 도마가 차가운 상태에서 갑자기 뜨거운
물을 부으면 깨질 수도 있으므로 따뜻한 물로 헹군 다음 뜨거운 물을 뿌린다.

■ **플라스틱 도마** : 밀가루 또는 베이킹소다를 한 스푼 듬뿍 뿌린 다음 고무장갑을 낀 손 또는 수세미로
문질러준 후 헹궈서 말린다.

■ **실리콘 도마** : 주방세제나 베이킹소다로 닦은 다음 잘 헹궈주고 끓는 물에 삶아 사용한다.
맑은 물에 끓인 도마는 꺼낸 후 그대로 건조시킨다.

미션 4 　세탁조를 청소하라

어느 날부터 빨래에서 쾌쾌한 냄새가 나기 시작했다면 세탁기의 세탁조를 청소할 타이밍입니다. 세탁기 속을 들여다보면 세탁조는 항상 반짝반짝 깨끗이 빛나는 것 같아 보이지만 세탁조를 둘러싸고 있는 또 하나의 통이 있는데, 청소를 하지 않으면 그 부분에 세제 찌꺼기나 곰팡이와 세균 등으로 인해 냄새가 납니다. 5년 이상 세탁기 청소를 한 번도 해본 적이 없다면 전문 업체에 요청해 청소를 하는 것도 좋은 방법입니다. 이렇게 전문 업체의 도움을 받아 관리를 했다면 평소에 주기적으로 세탁조를 청소해주면 관리가 훨씬 쉬워요. 집에서 안전하고 손쉽게 할 수 있는 세탁조 청소 방법은 다음과 같습니다.

세탁기 세탁조 청소

● 준비물 : 산소계 표백제 500g
● 소요시간 : 2시간 이상

■ **통돌이 세탁기** : 세탁조에 물을 채워 빨래를 하는 방식이므로 청소하기가 용이하다.

1 세탁기를 고수위로 해놓고 뜨거운 물을 받는다. 물을 받는 동안 걸레로 세탁기 구석구석을 청소한다.

2 산소계 표백제를 세탁기 속에 넣어준다. 이때 산소계 표백제는 뜨거운 물을 사용하면 더 잘 녹기 때문에 세탁기 속에 바로 넣는 것보다 바가지 등에 따로 담아서 녹인 다음 넣어주는 것이 좋다. 그러므로 반드시 온수를 사용해야 효과가 있다.

3 물이 다 차면 세탁 코스만 눌러 20분 정도 돌려준다. 헹굼과 탈수 기능까지 눌러놓으면 물이 빠져버리므로 반드시 세탁 코스만 선택한다!

4 20분의 세탁이 끝난 후에 뚜껑을 덮은 채로 1~2시간 정도 방치한다.

5 얇은 체망으로 둥둥 떠오른 이물질을 건져준다.

6 세탁-헹굼-탈수의 기본 코스로 세탁을 진행한다. 물이 빠질 때 혹 이물질이 세탁조에 들러붙어 씻겨 내려가지 않는 경우가 있으므로 지키고 서서 샤워기 등으로 헹궈 내려준다.

7 세탁조 청소가 끝난 후에는 거름망과 세제 투입구 등을 빼내서 깨끗이 씻는다.

8 청소 후에는 세탁기 통 내부가 마르도록 세탁기 문을 열어둔다. 만일 건조 기능이 있으면 작동시킨다.

■ **드럼 세탁기** : 물을 가득 받아 청소하는 방식이 아니므로 계속 통을 회전시키면서 불려주어야 한다.

1 산소계 표백제를 뜨거운 물로 녹여서 세탁기 속에 붓는다.

2 물을 가득 채워 불릴 수가 없으므로 고수위의 온수를 받은 후 세탁 코스로 100여 분 동안 계속 작동시킨다.

3 그 이후에 세탁-헹굼-탈수의 기본 세탁 코스로 세탁을 해주면 된다.

4 세탁 과정이 끝난 후에 통 속에 남은 이물질을 다시 한 번 헹궈주고, 세제 투입구와 세탁조 주변의 실리콘 부분, 물이 빠지는 부분까지 꼼꼼히 잘 닦아준다.

★ 세탁기의 뚜껑은 평소에도 열어놓는 것이 좋다. 먼지 들어가는 게 걱정인 사람들도 있지만, 먼지보다 내부의 곰팡이가 더 큰 문제다!

★ 세탁조 청소는 계면활성제, 형광증백제, 인공 향 등의 인공 화학첨가물이 함유되지 않아 잔여물 걱정이 없는 산소계 표백제(과탄산소다)를 사용한다. 또 세탁조 청소 외에도 찌든 때 제거, 표백 및 얼룩 제거 등 세탁 용도로 사용할 수 있는 제품이 유용하다.

▶ **쎄씨주부가 추천하는 레인보우샵 산소계 표백제 활용법**
- **일반 세탁** : 평소 사용하는 세탁 세제와 섞어서 빨래를 하면 세제량도 줄일 수 있고, 표백 기능이 있으므로 빨래를 더욱 깨끗하게 할 수 있다.
- **찌든 때 및 얼룩 제거** : 따뜻한 물 20리터에 산소계 표백제 10g을 넣고 잘 풀어 15~30분간 담가두면 얼룩 제거에 효과적이다.
- **와이셔츠 등의 부분 세탁** : 특정 부분에 찌든 때나 오염이 생긴 경우 산소계 표백제를 걸쭉하게(산소계 표백제 2~3 : 미지근한 물 1의 비율) 만들어 오염 부분에 바른 뒤 비벼 빨고 헹구면 된다.
- **아이 기저귀 및 행주, 걸레 삶기** : 세탁용 냄비에 물을 담고 산소계 표백제를 풀어 넣고 폭폭 삶으면 된다.

• 반짝반짝! 세탁기와 냉장고 청소 물품 목록 정리하기 •

■ 기존 집에 있는 청소 도구

■ 새로 구입해야 할 청소 도구

■ 기존 집에 있는 세제

　• 친환경 세제

　• 일반 세제

■ 새로 구입해야 할 세제

■ 재활용 청소도구

• 구석구석! 여름철 내 주방 소독 및 청소 일정 정하기 •

■ 칼 소독　　　　　　　　　　■ 도마 소독

■ 식기 소독　　　　　　　　　　■ 행주 소독

■ 수세미 소독　　　　　　　　　■ 개수대 소독

■ 가스레인지 청소　　　　　　　■ 전자레인지 청소

■ 오븐 청소　　　　　　　　　　■ 주방 환풍기 필터 청소

반짝반짝! 세탁기와 냉장고 청소 물품 목록 정리하기

의 료 비 영 수 증 을 챙 기 자

소득공제에서 세액공제로 바뀐 의료비 공제는 총 급여의 3%를 초과하는 의료비부터 적용하기 때문에 급여가 높을수록 불리해요. 따라서 맞벌이 부부라면 소득이 낮은 쪽에 의료비 공제를 몰아주는 것이 유리해요. 의료비 공제는 연말정산 항목 중 유일하게 나이와 소득 요건에 제한을 두지 않으므로 부양가족 모두 공제가 가능해요. 의료비 세액공제는 연간 700만 원까지 가능해요. 단 본인과 부양가족 중 장애인이나 65세 이상 고령자를 위한 의료비는 한도 없이 공제받을 수 있어요.

공제 대상이 되는 의료비는 진료 및 치료로 인한 의료기관 지출 비용, 치료 및 요양을 위한 의약품 구입비(건강증진 의약품 제외), 휠체어나 의수족 같은 장애인 보장구 구입 및 임차 비용 등입니다. 치아 보철, 라식 수술비, 콘택트렌즈, 시력 보정용 안경 구입비 등도 공제가 가능해요. 다만 안경이나 콘텍트렌즈는 연말정산 간소화 시스템에서 조회가 되지 않으므로 구입처에서 따로 영수증을 발급받아 챙겨두어야 하고, 1인당 50만 원 내에서만 세액공제를 받을 수 있어요. 기본적으로 치료 목적 이외의 의료비는 공제 대상이 아닙니다(미용, 성형수술 등).

Sunday	Monday	Tuesday	Wednesday
3	4 ^음 6.1	5	6
10	11	12	13
17 초복 제헌절	18 ^음 6.15 유두절	19	20
24 ^음 6.21	25	26	27 중복
31			

Thursday	Friday	Saturday
	1	2
7 소서	8	9
14 음 6.11	15	16
21	22 대서	23
28	29	30

6 June

Su	Mo	Tu	We	Th	Fr	Sa
			1	2	3	4
5	6	7	8	9	10	11
12	13	14	15	16	17	18
19	20	21	22	23	24	25
26	27	28	29	30		

8 August

Su	Mo	Tu	We	Th	Fr	Sa
	1	2	3	4	5	6
7	8	9	10	11	12	13
14	15	16	17	18	19	20
21	22	23	24	25	26	27
28	29	30	31			

2016 3분기 타임캡슐

To.

지출관리를 위한 씀씀이 계획

3개월 단기 목표

2016년 월 일

from .

7	01		금요일	02		토요일
수입	내용	금액		내용	금액	
	들어온 돈 총액			들어온 돈 총액		

■ 현금 사용　　■ 카드 사용

지출	내용	금액		내용	금액	
		■ ■			■ ■	
		■ ■			■ ■	
		■ ■			■ ■	
		■ ■			■ ■	
		■ ■			■ ■	
		■ ■			■ ■	
		■ ■			■ ■	
		■ ■			■ ■	
		■ ■			■ ■	
		■ ■			■ ■	
		■ ■			■ ■	
	카드 사용 총액			카드 사용 총액		
	현금 사용 총액			현금 사용 총액		
	나간 돈 총액			나간 돈 총액		

Weekly Total

7월 첫째 주 결산 내용

이번 주 지출 내역

고정지출

주택관련비

공과금

보험료

세금

통신비

변동지출

교육비

의류비

의료비

주식비

외식비

유흥비

꾸밈비

건강관리비

문화생활비

교통비

차량유지비

기타

이번 주 재테크

저축

투자

연금

보험

수입 합계

지출 합계

카드 합계

현금 합계

7	**03**	일요일	**04**	율 6.1 월요일	**05**	화요일	**06**	수요일
수입	내용	금액	내용	금액	내용	금액	내용	금액

들어온 돈 총액   들어온 돈 총액   들어온 돈 총액   들어온 돈 총액

■ 현금 사용　■ 카드 사용

지출	내용	금액	내용	금액	내용	금액	내용	금액

카드 사용 총액   카드 사용 총액   카드 사용 총액   카드 사용 총액

현금 사용 총액   현금 사용 총액   현금 사용 총액   현금 사용 총액

나간 돈 총액   나간 돈 총액   나간 돈 총액   나간 돈 총액

07	소서 목요일	08	금요일	09	토요일
내용	금액	내용	금액	내용	금액

내용	금액	내용	금액	내용	금액
들어온 돈 총액		들어온 돈 총액		들어온 돈 총액	

■ 현금 사용 ■ 카드 사용

내용	금액	내용	금액	내용	금액
카드 사용 총액		카드 사용 총액		카드 사용 총액	
현금 사용 총액		현금 사용 총액		현금 사용 총액	
나간 돈 총액		나간 돈 총액		나간 돈 총액	

Weekly Total

7월 둘째 주 결산 내용

이번 주 지출 내역

고정지출

주택관련비

공과금

보험료

세금

통신비

변동지출

교육비

의류비

의료비

주식비

외식비

유흥비

꾸밈비

건강관리비

문화생활비

교통비

차량유지비

기타

이번 주 재테크

저축

투자

연금

보험

수입 합계

지출 합계

카드 합계

현금 합계

<table>
<tr><td>7</td><td>10 일요일</td><td>11 월요일</td><td>12 화요일</td><td>13 수요일</td></tr>
</table>

수입	내용	금액	내용	금액	내용	금액	내용	금액
	들어온 돈 총액		들어온 돈 총액		들어온 돈 총액		들어온 돈 총액	

■ 현금 사용   ■ 카드 사용

지출	내용	금액	내용	금액	내용	금액	내용	금액
	카드 사용 총액		카드 사용 총액		카드 사용 총액		카드 사용 총액	
	현금 사용 총액		현금 사용 총액		현금 사용 총액		현금 사용 총액	
	나간 돈 총액		나간 돈 총액		나간 돈 총액		나간 돈 총액	

14	음 6.11 목요일	15	금요일	16	토요일
내용	금액	내용	금액	내용	금액
들어온 돈 총액		들어온 돈 총액		들어온 돈 총액	

■ 현금 사용   ■ 카드 사용

내용	금액	내용	금액	내용	금액
카드 사용 총액		카드 사용 총액		카드 사용 총액	
현금 사용 총액		현금 사용 총액		현금 사용 총액	
나간 돈 총액		나간 돈 총액		나간 돈 총액	

7월 셋째 주 결산 내용

이번 주 지출 내역

고정지출

주택관련비	
공과금	
보험료	
세금	
통신비	

변동지출

교육비	
의류비	
의료비	
주식비	
외식비	
유흥비	
꾸밈비	
건강관리비	
문화생활비	
교통비	
차량유지비	
기타	

이번 주 재테크

저축	
투자	
연금	
보험	

수입 합계

지출 합계

카드 합계

현금 합계

17	초복 제헌절 일요일	18	윤 6.15 유두절 월요일	19	화요일	20	수요일

수입

내용	금액	내용	금액	내용	금액	내용	금액
들어온 돈 총액		들어온 돈 총액		들어온 돈 총액		들어온 돈 총액	

■ 현금 사용   ■ 카드 사용

지출

내용	금액	내용	금액	내용	금액	내용	금액
카드 사용 총액		카드 사용 총액		카드 사용 총액		카드 사용 총액	
현금 사용 총액		현금 사용 총액		현금 사용 총액		현금 사용 총액	
나간 돈 총액		나간 돈 총액		나간 돈 총액		나간 돈 총액	

21	목요일	22	대서 금요일	23	토요일
내용	금액	내용	금액	내용	금액

7월 넷째 주 결산 내용

이번 주 지출 내역

들어온 돈 총액		들어온 돈 총액		들어온 돈 총액	

■ 현금 사용 ■ 카드 사용

내용	금액	내용	금액	내용	금액

	카드 사용 총액		카드 사용 총액		카드 사용 총액	
현금 사용 총액		현금 사용 총액		현금 사용 총액	
나간 돈 총액		나간 돈 총액		나간 돈 총액	

고정지출

주택관련비	
공과금	
보험료	
세금	
통신비	

변동지출

교육비	
의류비	
의료비	
주식비	
외식비	
유흥비	
꾸밈비	
건강관리비	
문화생활비	
교통비	
차량유지비	
기타	

이번 주 재테크

저축	
투자	
연금	
보험	

수입 합계

지출 합계

카드 합계

현금 합계

<table>
<tr><td>7</td><td>24 음 6.21 일요일</td><td>25 월요일</td><td>26 화요일</td><td>27 중복 수요일</td></tr>
<tr><td>수입</td><td>내용   금액</td><td>내용   금액</td><td>내용   금액</td><td>내용   금액</td></tr>
</table>

| 들어온 돈 총액 | 들어온 돈 총액 | 들어온 돈 총액 | 들어온 돈 총액 |

■ 현금 사용   ■ 카드 사용

지출	내용	금액	내용	금액	내용	금액	내용	금액

카드 사용 총액	카드 사용 총액	카드 사용 총액	카드 사용 총액
현금 사용 총액	현금 사용 총액	현금 사용 총액	현금 사용 총액
나간 돈 총액	나간 돈 총액	나간 돈 총액	나간 돈 총액

28	목요일	29	금요일	30	토요일
내용	금액	내용	금액	내용	금액
들어온 돈 총액		들어온 돈 총액		들어온 돈 총액	

■ 현금 사용　■ 카드 사용

내용	금액	내용	금액	내용	금액
카드 사용 총액		카드 사용 총액		카드 사용 총액	
현금 사용 총액		현금 사용 총액		현금 사용 총액	
나간 돈 총액		나간 돈 총액		나간 돈 총액	

7월 다섯째 주 결산 내용

이번 주 지출 내역

고정지출

주택관련비

공과금

보험료

세금

통신비

변동지출

교육비

의류비

의료비

주식비

외식비

유흥비

꾸밈비

건강관리비

문화생활비

교통비

차량유지비

기타

이번 주 재테크

저축

투자

연금

보험

수입 합계

지출 합계

카드 합계

현금 합계

7 JULY

7 / 31 일요일

수입	내용	금액
들어온 돈 총액		

■ 현금 사용　■ 카드 사용

지출	내용	금액
		■
		■
		■
		■
		■
		■
		■
		■
		■
		■
		■
		■
		■
		■
		■
		■
		■
		■
		■
		■
		■
		■
		■
		■
카드 사용 총액		
현금 사용 총액		
나간 돈 총액		

7월 마지막 날 결산 내용

이번 주 지출 내역

고정지출

주택관련비	
공과금	
보험료	
세금	
통신비	

변동지출

교육비	
의류비	
의료비	
주식비	
외식비	
유흥비	
꾸밈비	
건강관리비	
문화생활비	
교통비	
차량유지비	
기타	

이번 주 재테크

저축	
투자	
연금	
보험	

수입 합계

지출 합계

카드 합계	
현금 합계	

대중교통·재래시장의
이용을 늘리고
지출 큰 교육비 세액공제는
빠짐없이 챙기자

백화점이나 대형마트를 아예 이용하지 않을 수는 없지만 재래시장에서 장을 보고 대중교통을 많이 이용하는 습관을 들이면 좋아요. 대중교통비와 전통시장에서 쓴 비용은 신용카드, 체크카드 공제 한도 이외에 별도로 100만 원 한도에서 공제가 가능해요. 공제율은 30%이지만 연간 사용액이 전년보다 많으면 40%까지 공제 혜택이 늘어나요.

교육비는 가정에서 지출이 가장 큰 항목 중 하나예요. 초·중·고등학생은 연 300만 원, 대학생은 연 900만 원 한도 내에서 15% 세액공제가 가능해요. 자녀 급식비, 교재비, 어린이집 또는 유치원 방과 후 수업료 등이 교육비 공제 대상이므로 하나라도 놓치지 말고 꼼꼼히 영수증을 챙겨두세요.

항목		내용	사용처	날짜	금액	결제방식
주택관련비	주거비(월세)					
	대출(이자1)					
	대출(이자2)					
주 택 관 련 비　소 계						
공과금	관리비					
	가스					
	전기					
	수도					
공 과 금　소 계						
통신비	휴대폰					
	인터넷					
	TV 통신망					
	집전화					
통 신 비　소 계						
보장성보험료	암보험					
	의료실비보험					
	종신보험					
	주택화재보험					
	기타					
보 장 성　보 험 료　소 계						
건강관리비	병원비					
	약재비					
	건강보조제 구입					
	헬스이용권					
	기타					
건 강 관 리 비　소 계						

■ 한눈에 보는 2016년 7월 우리 집 수입과 지출

	항목	내용	사용처	날짜	금액	결제방식
교통비	버스 · 지하철					
	택시					
	기타					
	교 통 비 소 계					
차량유지비	자동차보험					
	유류비					
	특별비					
	기타					
	차 량 유 지 비 소 계					
문화생활비	도서					
	공연					
	여행					
	기타					
	문 화 생 활 비 소 계					
패션뷰티꾸밈비	의류					
	액세서리					
	헤어					
	뷰티					
	기타					
	패 션 뷰 티 꾸 밈 비 소 계					
장보기 · 식비	대형마트					
	시장					
	인터넷 쇼핑몰					
	TV 홈쇼핑					
	외식					
	장 보 기 · 식 비 소 계					

7	항목	내용		사용처	날짜	금액	결제방식
유흥비	가족 모임						
	지인 모임						
	기타						
	유 흥 비 소 계						
부모님 봉양비	용돈						
	물품						
	의료						
	기타						
	부 모 님 봉 양 비 소 계						
자녀 양육비	용돈						
	교재비						
	교육비						
	기타						
	자 녀 양 육 비 소 계						
기타 활동비	종교생활						
	경조사비						
	기부금						
	선물						
	기타						
	기 타 활 동 비 소 계						
장기 할부	가전 · 가구						
	패션 · 뷰티						
	건강보조용품						
	주방생활용품						
	기타						
	장 기 할 부 소 계						

■ 한눈에 보는 2016년 7월 우리 집 수입과 지출

	항목	내용	수입원	날짜	금액	비고
수입	근로소득					
	자산운용소득 (이자 · 배당)					
	임대소득					
	기타소득					
	수 입 합 계					

	항목	내용	운용처	날짜	금액	비고
재테크	부동산					
	저축					
	투자성 상품					
	저축성 보험					
	기타					
	재 테 크 합 계					

	항목	내용	납부처	날짜	금액	비고
세금	세금1					
	세금2					
	세금3					
	세금4					
	세금5					
	세 금 합 계					

MEMO

Sunday	Monday	Tuesday	Wednesday
	1	2	3 음 7.1
7 입추	8	9 칠석	10
14	15 광복절	16 말복	17
21	22	23 음 7.21 처서	24
28	29	30	31

<table>
<tr><th>Thursday</th><th>Friday</th><th>Saturday</th><th>AUGUST</th></tr>
<tr><td>4</td><td>5</td><td>6</td><td>8
2 0 1 6</td></tr>
<tr><td>11</td><td>12</td><td>13 음 7.11</td><td></td></tr>
<tr><td>18</td><td>19</td><td>20</td><td></td></tr>
<tr><td>25</td><td>26</td><td>27</td><td></td></tr>
</table>

7 — July

Su	Mo	Tu	We	Th	Fr	Sa
					1	2
3	4	5	6	7	8	9
10	11	12	13	14	15	16
17	18	19	20	21	22	23
24	25	26	27	28	29	30
31						

9 — September

Su	Mo	Tu	We	Th	Fr	Sa
				1	2	3
4	5	6	7	8	9	10
11	12	13	14	15	16	17
18	19	20	21	22	23	24
25	26	27	28	29	30	

| **01** 월요일 | **02** 화요일 | **03** 음 7.1 수요일 |

수입	내용	금액	내용	금액	내용	금액

들어온 돈 총액   들어온 돈 총액   들어온 돈 총액

■ 현금 사용   ■ 카드 사용

지출	내용	금액	내용	금액	내용	금액

카드 사용 총액   카드 사용 총액   카드 사용 총액

현금 사용 총액   현금 사용 총액   현금 사용 총액

나간 돈 총액   나간 돈 총액   나간 돈 총액

04	목요일	05	금요일	06	토요일
내용	금액	내용	금액	내용	금액
들어온 돈 총액		들어온 돈 총액		들어온 돈 총액	

■ 현금 사용　■ 카드 사용

내용	금액	내용	금액	내용	금액
카드 사용 총액		카드 사용 총액		카드 사용 총액	
현금 사용 총액		현금 사용 총액		현금 사용 총액	
나간 돈 총액		나간 돈 총액		나간 돈 총액	

Weekly Total

8월 첫째 주 결산 내용

이번 주 지출 내역

고정지출
주택관련비

공과금

보험료

세금

통신비

변동지출
교육비

의류비

의료비

주식비

외식비

유흥비

꾸밈비

건강관리비

문화생활비

교통비

차량유지비

기타

이번 주 재테크

저축

투자

연금

보험

수입 합계

지출 합계

카드 합계

현금 합계

8 07		입추 일요일	08		월요일	09		칠석 화요일	10		수요일
수입	내용	금액	내용	금액	내용	금액	내용	금액

들어온 돈 총액 (07) · **들어온 돈 총액** (08) · **들어온 돈 총액** (09) · **들어온 돈 총액** (10)

■ 현금 사용 　■ 카드 사용

지출	내용	금액	내용	금액	내용	금액	내용	금액

카드 사용 총액 (07) · **카드 사용 총액** (08) · **카드 사용 총액** (09) · **카드 사용 총액** (10)

현금 사용 총액 (07) · **현금 사용 총액** (08) · **현금 사용 총액** (09) · **현금 사용 총액** (10)

나간 돈 총액 (07) · **나간 돈 총액** (08) · **나간 돈 총액** (09) · **나간 돈 총액** (10)

11 목요일 / 12 금요일 / 13 (음 7.11) 토요일

내용	금액	내용	금액	내용	금액
들어온 돈 총액		들어온 돈 총액		들어온 돈 총액	

■ 현금 사용　■ 카드 사용

내용	금액	내용	금액	내용	금액
카드 사용 총액		카드 사용 총액		카드 사용 총액	
현금 사용 총액		현금 사용 총액		현금 사용 총액	
나간 돈 총액		나간 돈 총액		나간 돈 총액	

Weekly Total

8월 둘째 주 결산 내용

이번 주 지출 내역

고정지출
- 주택관련비
- 공과금
- 보험료
- 세금
- 통신비

변동지출
- 교육비
- 의류비
- 의료비
- 주식비
- 외식비
- 유흥비
- 꾸밈비
- 건강관리비
- 문화생활비
- 교통비
- 차량유지비
- 기타

이번 주 재테크
- 저축
- 투자
- 연금
- 보험

수입 합계

지출 합계

카드 합계

현금 합계

14		일요일	15		광복절 월요일	16		말복 화요일	17		수요일
수입 내용	금액		내용	금액		내용	금액		내용	금액	
들어온 돈 총액			들어온 돈 총액			들어온 돈 총액			들어온 돈 총액		

■ 현금 사용　■ 카드 사용

지출 내용	금액		내용	금액		내용	금액		내용	금액	
카드 사용 총액			카드 사용 총액			카드 사용 총액			카드 사용 총액		
현금 사용 총액			현금 사용 총액			현금 사용 총액			현금 사용 총액		
나간 돈 총액			나간 돈 총액			나간 돈 총액			나간 돈 총액		

18	목요일	19	금요일	20	토요일
내용	금액	내용	금액	내용	금액
들어온 돈 총액		들어온 돈 총액		들어온 돈 총액	

■ 현금 사용   ■ 카드 사용

내용	금액	내용	금액	내용	금액
카드 사용 총액		카드 사용 총액		카드 사용 총액	
현금 사용 총액		현금 사용 총액		현금 사용 총액	
나간 돈 총액		나간 돈 총액		나간 돈 총액	

Weekly Total

8월 셋째 주 결산 내용

이번 주 지출 내역

	고정지출
주택관련비	
공과금	
보험료	
세금	
통신비	

	변동지출
교육비	
의류비	
의료비	
주식비	
외식비	
유흥비	
꾸밈비	
건강관리비	
문화생활비	
교통비	
차량유지비	
기타	

이번 주 재테크

저축	
투자	
연금	
보험	

수입 합계

지출 합계

카드 합계	
현금 합계	

8	21	일요일	22	월요일	23	율 7.21 처서 화요일	24	수요일
수입	내용	금액	내용	금액	내용	금액	내용	금액
	들어온 돈 총액		들어온 돈 총액		들어온 돈 총액		들어온 돈 총액	

■ 현금 사용 ■ 카드 사용

지출	내용	금액	내용	금액	내용	금액	내용	금액
	카드 사용 총액		카드 사용 총액		카드 사용 총액		카드 사용 총액	
	현금 사용 총액		현금 사용 총액		현금 사용 총액		현금 사용 총액	
	나간 돈 총액		나간 돈 총액		나간 돈 총액		나간 돈 총액	

25		목요일	26		금요일	27		토요일
내용	금액		내용	금액		내용	금액	
들어온 돈 총액			들어온 돈 총액			들어온 돈 총액		

■ 현금 사용   ■ 카드 사용

내용	금액		내용	금액		내용	금액	
카드 사용 총액			카드 사용 총액			카드 사용 총액		
현금 사용 총액			현금 사용 총액			현금 사용 총액		
나간 돈 총액			나간 돈 총액			나간 돈 총액		

Weekly Total

8월 넷째 주 결산 내용

이번 주 지출 내역

고정지출

주택관련비

공과금

보험료

세금

통신비

변동지출

교육비

의류비

의료비

주식비

외식비

유흥비

꾸밈비

건강관리비

문화생활비

교통비

차량유지비

기타

이번 주 재테크

저축

투자

연금

보험

수입 합계

지출 합계

카드 합계

현금 합계

8 AUGUST

28 일요일		29 월요일		30 화요일		31 수요일	
수입 내용	금액	내용	금액	내용	금액	내용	금액
들어온 돈 총액		들어온 돈 총액		들어온 돈 총액		들어온 돈 총액	

■ 현금 사용　■ 카드 사용

지출 내용	금액	내용	금액	내용	금액	내용	금액
카드 사용 총액		카드 사용 총액		카드 사용 총액		카드 사용 총액	
현금 사용 총액		현금 사용 총액		현금 사용 총액		현금 사용 총액	
나간 돈 총액		나간 돈 총액		나간 돈 총액		나간 돈 총액	

8월 마지막 주 결산 내용

이번 주 지출 내역

고정지출
주택관련비
공과금
보험료
세금
통신비

변동지출
교육비
의류비
의료비
주식비
외식비
유흥비
꾸밈비
건강관리비
문화생활비
교통비
차량유지비
기타

이번 주 재테크

저축
투자
연금
보험

수입 합계

지출 합계

카드 합계
현금 합계

8 AUGUST

	항목	내용	사용처	날짜	금액	결제방식
주택관련비	주거비(월세)					
	대출(이자1)					
	대출(이자2)					
	주 택 관 련 비 소 계					
공과금	관리비					
	가스					
	전기					
	수도					
	공 과 금 소 계					
통신비	휴대폰					
	인터넷					
	TV 통신망					
	집전화					
	통 신 비 소 계					
보장성 보험료	암보험					
	의료실비보험					
	종신보험					
	주택화재보험					
	기타					
	보 장 성 보 험 료 소 계					
건강관리비	병원비					
	약재비					
	건강보조제 구입					
	헬스이용권					
	기타					
	건 강 관 리 비 소 계					

■ 한눈에 보는 2016년 8월 우리 집 수입과 지출

항목		내용	사용처	날짜	금액	결제방식
교통비	버스·지하철					
	택시					
	기타					
교 통 비 소 계						
차량유지비	자동차보험					
	유류비					
	특별비					
	기타					
차 량 유 지 비 소 계						
문화생활비	도서					
	공연					
	여행					
	기타					
문 화 생 활 비 소 계						
패션뷰티꾸밈비	의류					
	액세서리					
	헤어					
	뷰티					
	기타					
패 션 뷰 티 꾸 밈 비 소 계						
장보기·식비	대형마트					
	시장					
	인터넷 쇼핑몰					
	TV 홈쇼핑					
	외식					
장 보 기 · 식 비 소 계						

8 AUGUST

8	항목	내용	사용처	날짜	금액	결제방식
유흥비	가족 모임					
	지인 모임					
	기타					
		유 흥 비 소 계				
부모님 봉양비	용돈					
	물품					
	의료					
	기타					
		부 모 님 봉 양 비 소 계				
자녀양육비	용돈					
	교재비					
	교육비					
	기타					
		자 녀 양 육 비 소 계				
기타 활동비	종교생활					
	경조사비					
	기부금					
	선물					
	기타					
		기 타 활 동 비 소 계				
장기 할부	가전·가구					
	패션·뷰티					
	건강보조용품					
	주방생활용품					
	기타					
		장 기 할 부 소 계				

■ 한눈에 보는 2016년 8월 우리 집 수입과 지출

항목		내용	수입원	날짜	금액	비고
수입	근로소득					
	자산운용소득 (이자·배당)					
	임대소득					
	기타소득					
	수 입 합 계					

항목		내용	운용처	날짜	금액	비고
재테크	부동산					
	저축					
	투자성 상품					
	저축성 보험					
	기타					
	재 테 크 합 계					

항목		내용	납부처	날짜	금액	비고
세금	세금1					
	세금2					
	세금3					
	세금4					
	세금5					
	세 금 합 계					

MEMO

8 AUGUST

<table>
<tr><td>Sunday</td><td>Monday</td><td>Tuesday</td><td>Wednesday</td></tr>
<tr><td></td><td></td><td></td><td></td></tr>
<tr><td>4</td><td>5</td><td>6</td><td>7 백로</td></tr>
<tr><td>11 음 8.11</td><td>12</td><td>13</td><td>14</td></tr>
<tr><td>18</td><td>19</td><td>20</td><td>21 음 8.21</td></tr>
<tr><td>25</td><td>26</td><td>27</td><td>28</td></tr>
</table>

Thursday	Friday	Saturday	
1 음 8.1	**2**	**3**	
8	**9**	**10**	
15 음 8.15 추석	**16**	**17**	
22 추분	**23**	**24**	**8** August Su Mo Tu We Th Fr Sa 1 2 3 4 5 6 7 8 9 10 11 12 13 14 15 16 17 18 19 20 21 22 23 24 25 26 27 28 29 30 31
29	**30**		**10** October Su Mo Tu We Th Fr Sa 1 2 3 4 5 6 7 8 9 10 11 12 13 14 15 16 17 18 19 20 21 22 23 24 25 26 27 28 29 30 31

부모를 부양가족으로 올리고 소득 없는 부모님께 현금영수증 카드를 발급해 드리자

직장인의 배우자나 부모 등이 부양가족으로 인정받으려면 연간 소득금액이 100만 원 이하여야 해요. 근로소득만 있는 경우 총 급여가 333만 원 이하(월 급여 28만 원 미만)면 부양가족으로 인정됩니다.

특히 미혼일 경우 자녀공제가 불가능하므로 부모를 부양가족으로 올리면 소득공제 혜택을 받을 수 있어요. 부모와 한곳에 거주하지 않는다면 가족관계증명서를 제출하면 돼요.

국세청 홈페이지에서 현금영수증 카드를 발급 신청한 후 부모님에게 드리고, 현금을 쓸 때마다 현금영수증 처리를 하도록 부탁하세요. 부모님이 쓴 현금에 대한 공제를 본인이 받을 수 있어요. 소득 없는 부모님이 계시면 적극 추천해요.

9 01	음 8.1 목요일	02	금요일	03	토요일
수입 내용	금액	내용	금액	내용	금액
들어온 돈 총액		들어온 돈 총액		들어온 돈 총액	

■ 현금 사용　　■ 카드 사용

지출 내용	금액	내용	금액	내용	금액
카드 사용 총액		카드 사용 총액		카드 사용 총액	
현금 사용 총액		현금 사용 총액		현금 사용 총액	
나간 돈 총액		나간 돈 총액		나간 돈 총액	

9월 첫째 주 결산 내용

이번 주 지출 내역

고정지출

주택관련비

공과금

보험료

세금

통신비

변동지출

교육비

의류비

의료비

주식비

외식비

유흥비

꾸밈비

건강관리비

문화생활비

교통비

차량유지비

기타

이번 주 재테크

저축

투자

연금

보험

수입 합계

지출 합계

카드 합계

현금 합계

9 SEPTEMBER

9	04	일요일	05	월요일	06	화요일	07	백로 수요일
수입	내용	금액	내용	금액	내용	금액	내용	금액

들어온 돈 총액 | 들어온 돈 총액 | 들어온 돈 총액 | 들어온 돈 총액

■ 현금 사용　■ 카드 사용

| 지출 | 내용 | 금액 | 내용 | 금액 | 내용 | 금액 | 내용 | 금액 |

카드 사용 총액 | 카드 사용 총액 | 카드 사용 총액 | 카드 사용 총액

현금 사용 총액 | 현금 사용 총액 | 현금 사용 총액 | 현금 사용 총액

나간 돈 총액 | 나간 돈 총액 | 나간 돈 총액 | 나간 돈 총액

08		목요일	09		금요일	10		토요일
내용	금액		내용	금액		내용	금액	
들어온 돈 총액			들어온 돈 총액			들어온 돈 총액		

■ 현금 사용   ■ 카드 사용

내용	금액	내용	금액	내용	금액
	■ ■		■ ■		■ ■
	■ ■		■ ■		■ ■
	■ ■		■ ■		■ ■
	■ ■		■ ■		■ ■
	■ ■		■ ■		■ ■
	■ ■		■ ■		■ ■
	■ ■		■ ■		■ ■
	■ ■		■ ■		■ ■
	■ ■		■ ■		■ ■
	■ ■		■ ■		■ ■
카드 사용 총액		카드 사용 총액		카드 사용 총액	
현금 사용 총액		현금 사용 총액		현금 사용 총액	
나간 돈 총액		나간 돈 총액		나간 돈 총액	

9월 둘째 주 결산 내용

이번 주 지출 내역

고정지출

주택관련비

공과금

보험료

세금

통신비

변동지출

교육비

의류비

의료비

주식비

외식비

유흥비

꾸밈비

건강관리비

문화생활비

교통비

차량유지비

기타

이번 주 재테크

저축

투자

연금

보험

수입 합계

지출 합계

카드 합계

현금 합계

9 SEPTEMBER

<table>
<tr><td>9</td><td>11</td><td>(음)8.11 일요일</td><td>12</td><td>월요일</td><td>13</td><td>화요일</td><td>14</td><td>수요일</td></tr>
</table>

수입	내용	금액	내용	금액	내용	금액	내용	금액
	들어온 돈 총액		들어온 돈 총액		들어온 돈 총액		들어온 돈 총액	

■ 현금 사용　■ 카드 사용

지출	내용	금액	내용	금액	내용	금액	내용	금액
	카드 사용 총액		카드 사용 총액		카드 사용 총액		카드 사용 총액	
	현금 사용 총액		현금 사용 총액		현금 사용 총액		현금 사용 총액	
	나간 돈 총액		나간 돈 총액		나간 돈 총액		나간 돈 총액	

15	음 8.15 추석 목요일	16	금요일	17	토요일
내용	금액	내용	금액	내용	금액

9월 셋째 주 결산 내용

이번 주 지출 내역

들어온 돈 총액		들어온 돈 총액		들어온 돈 총액	

■ 현금 사용　■ 카드 사용

내용	금액	내용	금액	내용	금액
카드 사용 총액		카드 사용 총액		카드 사용 총액	
현금 사용 총액		현금 사용 총액		현금 사용 총액	
나간 돈 총액		나간 돈 총액		나간 돈 총액	

고정지출
주택관련비	
공과금	
보험료	
세금	
통신비	

변동지출
교육비	
의류비	
의료비	
주식비	
외식비	
유흥비	
꾸밈비	
건강관리비	
문화생활비	
교통비	
차량유지비	
기타	

이번 주 재테크

저축	
투자	
연금	
보험	

수입 합계

지출 합계

카드 합계	
현금 합계	

9 SEPTEMBER

| 18 | 일요일 | 19 | 월요일 | 20 | 화요일 | 21 | 음 8.21 수요일 |

수입

내용	금액	내용	금액	내용	금액	내용	금액

들어온 돈 총액 | 들어온 돈 총액 | 들어온 돈 총액 | 들어온 돈 총액

■ 현금 사용   ■ 카드 사용

지출

내용	금액	내용	금액	내용	금액	내용	금액

카드 사용 총액 | 카드 사용 총액 | 카드 사용 총액 | 카드 사용 총액

현금 사용 총액 | 현금 사용 총액 | 현금 사용 총액 | 현금 사용 총액

나간 돈 총액 | 나간 돈 총액 | 나간 돈 총액 | 나간 돈 총액

22		추분 목요일	23		금요일	24		토요일
내용	금액		내용	금액		내용	금액	
들어온 돈 총액			들어온 돈 총액			들어온 돈 총액		

■ 현금 사용   ■ 카드 사용

내용	금액	내용	금액	내용	금액
카드 사용 총액		카드 사용 총액		카드 사용 총액	
현금 사용 총액		현금 사용 총액		현금 사용 총액	
나간 돈 총액		나간 돈 총액		나간 돈 총액	

9월 넷째 주 결산 내용

이번 주 지출 내역

고정지출

주택관련비

공과금

보험료

세금

통신비

변동지출

교육비

의류비

의료비

주식비

외식비

유흥비

꾸밈비

건강관리비

문화생활비

교통비

차량유지비

기타

이번 주 재테크

저축

투자

연금

보험

수입 합계

지출 합계

카드 합계

현금 합계

<table>
<tr><td>9</td><td>25</td><td>일요일</td><td>26</td><td>월요일</td><td>27</td><td>화요일</td><td>28</td><td>수요일</td></tr>
<tr><td>수입</td><td>내용</td><td>금액</td><td>내용</td><td>금액</td><td>내용</td><td>금액</td><td>내용</td><td>금액</td></tr>
</table>

들어온 돈 총액   들어온 돈 총액   들어온 돈 총액   들어온 돈 총액

■ 현금 사용   ■ 카드 사용

<table>
<tr><td>지출</td><td>내용</td><td>금액</td><td>내용</td><td>금액</td><td>내용</td><td>금액</td><td>내용</td><td>금액</td></tr>
</table>

카드 사용 총액   카드 사용 총액   카드 사용 총액   카드 사용 총액

현금 사용 총액   현금 사용 총액   현금 사용 총액   현금 사용 총액

나간 돈 총액   나간 돈 총액   나간 돈 총액   나간 돈 총액

29		목요일	30		금요일
내용	금액		내용	금액	
들어온 돈 총액			들어온 돈 총액		

■ 현금 사용　■ 카드 사용

내용	금액		내용	금액	
		■			■
		■			■
		■			■
		■			■
		■			■
		■			■
		■			■
		■			■
		■			■
		■			■
		■			■
		■			■
		■			■
카드 사용 총액			카드 사용 총액		
현금 사용 총액			현금 사용 총액		
나간 돈 총액			나간 돈 총액		

9월 마지막 주 결산 내용

이번 주 지출 내역

고정지출

주택관련비

공과금

보험료

세금

통신비

변동지출

교육비

의류비

의료비

주식비

외식비

유흥비

꾸밈비

건강관리비

문화생활비

교통비

차량유지비

기타

이번 주 재테크

저축

투자

연금

보험

수입 합계

지출 합계

카드 합계

현금 합계

항목		내용	사용처	날짜	금액	결제방식
주택관련비	주거비(월세)					
	대출(이자1)					
	대출(이자2)					
주 택 관 련 비 소 계						
공과금	관리비					
	가스					
	전기					
	수도					
공 과 금 소 계						
통신비	휴대폰					
	인터넷					
	TV 통신망					
	집전화					
통 신 비 소 계						
보장성보험료	암보험					
	의료실비보험					
	종신보험					
	주택화재보험					
	기타					
보 장 성 보 험 료 소 계						
건강관리비	병원비					
	약재비					
	건강보조제 구입					
	헬스이용권					
	기타					
건 강 관 리 비 소 계						

■ 한눈에 보는 2016년 9월 우리 집 수입과 지출

	항목	내용	사용처	날짜	금액	결제방식
교통비	버스 · 지하철					
	택시					
	기타					
	교 통 비 소 계					
차량유지비	자동차보험					
	유류비					
	특별비					
	기타					
	차 량 유 지 비 소 계					
문화생활비	도서					
	공연					
	여행					
	기타					
	문 화 생 활 비 소 계					
패션뷰티꾸밈비	의류					
	액세서리					
	헤어					
	뷰티					
	기타					
	패 션 뷰 티 꾸 밈 비 소 계					
장보기 · 식비	대형마트					
	시장					
	인터넷 쇼핑몰					
	TV 홈쇼핑					
	외식					
	장 보 기 · 식 비 소 계					

9	항목	내용	사용처	날짜	금액	결제방식
유흥비	가족 모임					
	지인 모임					
	기타					
	유 흥 비 소 계					
부모님 봉양비	용돈					
	물품					
	의료					
	기타					
	부 모 님 봉 양 비 소 계					
자녀양육비	용돈					
	교재비					
	교육비					
	기타					
	자 녀 양 육 비 소 계					
기타 활동비	종교생활					
	경조사비					
	기부금					
	선물					
	기타					
	기 타 활 동 비 소 계					
장기할부	가전 · 가구					
	패션 · 뷰티					
	건강보조용품					
	주방생활용품					
	기타					
	장 기 할 부 소 계					

■ 한눈에 보는 2016년 9월 우리 집 수입과 지출

	항목	내용	수입원	날짜	금액	비고
수입	근로소득					
	자산운용소득 (이자·배당)					
	임대소득					
	기타소득					
	수 입 합 계					

	항목	내용	운용처	날짜	금액	비고
재테크	부동산					
	저축					
	투자성 상품					
	저축성 보험					
	기타					
	재 테 크 합 계					

	항목	내용	납부처	날짜	금액	비고
세금	세금1					
	세금2					
	세금3					
	세금4					
	세금5					
	세 금 합 계					

		3분기 평가	
3분기 지출 총계			3분기 결산표
3분기 수입 총계			
3분기 재테크 총계			
3분기 세금 총계			
3분기 경제 환경	금리 :　　　종합주가지수 :　　　환율 :		
3분기 타임캡슐 평가			

Autumn

연포탕

"모처럼 산낙지를 준비해 가을 보양식 연포탕을 식탁에 올려보세요. 밥상에 올려 즉석에서 만들어 먹기 좋은
레시피가 바로 연포탕입니다. 밑국물과 재료만 미리 준비하면 탱탱한 낙지의 쫄깃한 식감을 맛볼 수 있어요.
산낙지 공수가 어렵다면 죽은 낙지도 괜찮아요. 연포탕의 끝내주는 국물 맛은 변함이 없으니까요."

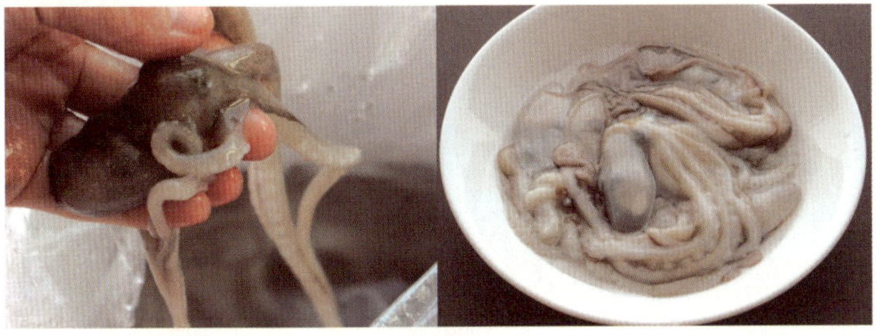

1 낙지 몸통을 가위로 잘라 내장을 꺼낸다.

2 낙지 눈도 가위로 잘라낸다.

3 다리 안쪽의 입을 도려낸다.

4 볼에 손질한 낙지와 밀가루, 굵은 소금을 넣고 바락바락 주무른다.

5 물로 깨끗하게 씻는다.

★ 산낙지는 뻘이 거의 없으므로 몸통의 내장을 제거한 뒤 물로만 헹군다.

● 재료

☐ 세발낙지 5~6마리
☐ 대파 1/2대
☐ 청양고추 1개

● 양념

☐ 멸치 다시마물 3컵
☐ 다진 마늘 1작은술
☐ 소금 약간

1 손질해서 씻은 낙지는 손으로 훑어내 물기를 뺀다.

2 무는 약간 큼직하고 얇게 저미고, 대파와 청양고추는 어슷하게 썬다.

3 멸치 다시마물을 준비한다.

4 냄비에 멸치 다시마물과 무를 넣고 국물에 무맛이 우러나도록 끓인 뒤 끓는 국물에 낙지를 통째로 넣고 끓인다.

5 낙지를 넣고 색이 붉게 변하기 시작하면 마늘, 파, 청양고추를 넣는다.

6 소금으로 간을 맞추고, 오래 끓이지 않아야 낙지의 식감이 연하다.

아욱국

● 재료

- □ 아욱 1단
- □ 마른 보리새우 반 줌(20g)
- □ 대파 1/2대

● 양념

- □ 된장 2~3큰술
- □ 들깨가루 1큰술
- □ 다진 마늘 1큰술
- □ 멸치 다시마물 6컵

1 아욱은 줄기의 껍질을 살짝 벗겨 손질한 후 먹기 좋은 길이로 자른다.

2 볼에 아욱을 담고 물을 부어 주물러준 뒤 헹궈 물기를 꼭 짠다.
  이렇게 손질해야 풋내가 나지 않고 국물이 시커멓게 변하지 않는다.

3 마른 새우는 비닐 봉지에 넣고 가볍게 비빈 후
  체에 담아 체를 톡톡 치면서 새우의 잔발 등을 털어낸다.

4 냄비에 멸치 다시마물을 넣고 끓이다가 된장을 풀어 넣는다.
  팔팔 끓으면 손질한 아욱을 넣는다.

5 마른 새우를 넣고 아욱이 부드러워질 때까지 끓인다.
  마지막에 들깨가루와 대파를 넣고 한소끔 더 끓인다.

"늙은 호박은 10월이 제철입니다. 가을 제철을 맞은 오징어에 이 늙은 호박을 큼직하게 썰어 넣고
얼큰하게 고추장찌개를 끓여보세요. 가을에 먹어서 더 맛있는 찌개 반찬이 됩니다."

오징어 고추장찌개

● 재료

□ 오징어 1마리
□ 늙은 호박(또는 애호박) 100g
□ 무 70g □ 두부 1/2모
□ 양파 1/4개 □ 대파 1/2대
□ 풋고추 1개 □ 붉은 고추 1/2개

● 양념

□ 고추장 1/2큰술 □ 멸치육수 3컵
□ 고춧가루 1.5큰술
□ 다진 마늘 1/2큰술
□ 국간장 1/2큰술 □ 맛술 1큰술

1 오징어는 내장을 꺼내고 깨끗하게 씻어 한입 크기로 자른다.

2 호박은 큼직하게 썰고, 무와 양파는 납작하게 한입 크기로 썬다.
   대파, 풋고추, 붉은 고추는 송송 썬다.

3 고추장 1/2큰술, 고춧가루 1.5큰술, 다진 마늘 1/2큰술, 맛술 1큰술,
   국간장 1/2큰술, 멸치육수 2큰술, 후추 약간을 넣고 양념장을 만든다.

4 냄비에 멸치육수, 호박, 무, 양파를 넣고 끓인다.

5 준비한 양념장을 넣고 한소끔 끓인 뒤 오징어, 두부를 넣고 끓인다.

6 마지막에 후추 약간, 대파, 고추를 넣고 한소끔 더 끓인다.
   제철을 맞은 오징어는 오래 끓이지 않아야 제 맛을 느낄 수 있다.

오징어볶음

"제철이 아닌 시기의 오징어로 먹는 것보다 제철인 오징어로 만들면 음식의 맛을 배가시킵니다.
달콤하면서도 매콤한 양념장에 연한 오징어가 만난 오징어볶음의 맛 포인트는 바로 깻잎채와 청양고추입니다."

● 재료

□ 오징어 2마리
□ 양파 2개
□ 깻잎 10장
□ 청양고추 3~4개

● 양념

□ 고추장 1큰술 □ 고춧가루 2큰술
□ 간장 1큰술 □ 맛술 1큰술
□ 다진 파 1큰술 □ 다진 마늘 1큰술 □ 다진 생강 1작은술
□ 올리고당 1큰술 □ 설탕 1/2큰술
□ 소금 약간 □ 후추 약간
□ 참깨 1큰술 □ 참기름 1큰술
□ 식용유 2큰술

1 오징어 껍질을 벗겨 반으로 자르고 안쪽에 칼집을 낸 후 가로로 가늘게 채를 썬다.
   오징어 몸통은 가늘게 채를 썰고, 다리는 빨판을 제거한 후 비슷한 크기로 자른다.

2 양파는 반으로 잘라 1㎝ 두께로 채를 썰고, 깻잎은 반으로 잘라 곱게 채를 썬다.
   청양고추는 얇게 송송 썰어 물에 한 번 헹궈 씨를 제거하고 채반에 담아 물기를 뺀다.

3 참기름과 참깨를 제외한 나머지 양념을 분량대로 볼에 넣고 양념장을 만든다.
4 팬에 식용유 2큰술을 두르고 양파를 볶다가 숨이 살짝 죽으면 양념장 1/3을 넣고 볶는다.

5 양파가 부드럽게 익으면 썰어놓은 오징어를 넣고 센 불에서 빠르게 볶다가 나머지 양념장을 넣고 섞는다.
6 마지막에 참기름과 참깨를 넣고 섞는다. 접시에 오징어 불고기를 담고 깻잎채와 청양고추를 올린다.

고등어조림

● 재료

- □ 생물 고등어(대) 1마리
- □ 무 200g
- □ 토마토 1개
- □ 대파 1대
- □ 양파 1/2개
- □ 애느타리버섯 70g
- □ 붉은 고추 1개
- □ 청양고추 또는 풋고추 1개

● 양념

- □ 멸치 다시마물 1컵
- □ 고춧가루 1.5큰술
- □ 고추장 1작은술
- □ 간장 2큰술
- □ 청주 또는 맛술 1큰술
- □ 다진 마늘 1큰술
- □ 설탕 1작은술
- □ 참기름 1작은술

1 손질한 생 고등어는 소금을 뿌려 30분간 절인다.

2 무는 7mm 두께로 큼직하게 썰고, 버섯은 가닥가닥 찢는다.
   양파와 토마토는 큼직하게 썰고, 고추와 대파는 어슷하게 썬다.

3 분량대로 양념장을 만든다.

4 냄비에 무, 고등어, 양파를 담고 양념장을 골고루 얹는다.
   멸치 다시마물을 붓고 은근한 불에서 20분간 끓인다.

5 토마토, 버섯, 고추, 파를 넣은 뒤 뚜껑을 덮고 10분간 더 익힌다.

6 뚜껑을 열고 국물이 자작해질 때까지 졸인다.

"멸치볶음은 기본 밥반찬으로 간장을 넣거나 식용유로 달콤하게 볶아서 즐겨 먹곤합니다.
이번에는 해바라기씨와 함께 고추장 양념으로 볶아보세요. 채소 쌈밥에 싸서 먹어도 참 맛있습니다."

잔멸치 고추장볶음

● **재료**

☐ 잔멸치 150g
☐ 해바라기씨 30g

● **양념**

☐ 고추장 1.5큰술
☐ 고추기름 2큰술
☐ 설탕 1큰술   ☐ 올리고당 2큰술
☐ 맛술 1~2큰술
☐ 다진 마늘 1/2큰술
☐ 참깨 1큰술
☐ 참기름 1작은술

1 잔멸치는 식용유를 두르지 않고 바삭하게 볶는다.

2 체에 볶은 멸치를 담아 가루를 털어낸다.
  이렇게 손질하면 지저분하지 않게 된다.

3 팬에 참기름과 참깨를 뺀 나머지 양념을 분량대로 넣고 끓인다.

4 보글보글 양념장이 끓으면 잔멸치와 해바라기씨를 넣는다.

5 약한 불에서 재료에 양념장이 잘 배도록 섞으면서 볶는다.
  이때 오랫동안 볶으면 멸치가 딱딱해진다.

6 마지막에 참깨와 참기름을 넣고 섞는다.

시금치전

● 재료
□ 시금치 50g
□ 해바라기씨 2큰술
□ 청양고추 1개

● 반죽
□ 시금치 50g
□ 청양고추 2개
□ 양파 30g
□ 물 120㎖   □ 소금 1/4작은술
□ 밀가루(또는 부침가루) 120g
□ 식용유

1 시금치는 다듬어 씻은 뒤 물기를 뺀다.

2 시금치의 절반은 그대로 두고, 나머지 시금치는 잘게 다진다.
   청양고추 1개만 씨를 뺀 다음 잘게 썬다.

3 믹서에 물, 통 시금치, 양파, 청양고추 2개를 넣고 곱게 간다.
   갈은 시금치에 밀가루를 넣고 소금으로 간을 해 잘 섞는다.
   부침가루를 넣을 때는 소금의 양을 조절한다.

4 준비한 반죽에 다진 시금치와 청양고추, 해바라기씨를 넣고 섞는다.
   반죽은 되직하게 농도를 맞춘다.

5 팬에 식용유를 두르고 약한 불에서 초록빛이 잘 나도록 부친다.

"가을 고추밭에서 다시 돋아 난 끝물고추, 쇠뿔고추는 끝이 뾰족한 가을 끝무렵 고추로 맵지 않아요.
밀가루를 묻혀 살짝 찐 쇠뿔고추에 고소한 양념으로 버무리면 아삭한 식감의 찜 반찬이 됩니다."

쇠뿔고추찜

● 재료

☐ 쇠뿔고추 250g

● 양념

☐ 밀가루 2큰술
☐ 간장 2큰술
☐ 다진 파 1큰술
☐ 다진 마늘 1/2큰술
☐ 고춧가루 2작은술
☐ 참기름 1큰술
☐ 참깨 1/2큰술

1 쇠뿔고추는 꼭지를 떼고 씻은 뒤 밀가루를 골고루 묻힌다.

2 찜기에 물을 담고 끓여 한김 오르면 밀가루를 묻힌 고추를 넣고
1~2분 정도 살짝 찐다.
전자레인지용 찜기에는 물 2큰술을 먼저 넣고 찜판을 얹는다.
고추를 올리고 전자레인지에서 2분간 돌려 익힌 뒤
골고루 섞은 후 다시 1분 30초간 돌려 익힌다.

3 분량대로 양념장을 만든다.

4 볼에 찐 쇠뿔고추와 양념장을 넣고 버무린다.

쪽파 숙채무침

● 재료

□ 쪽파 200g

● 양념

□ 액젓 1작은술
□ 간장 1/2큰술
□ 고춧가루 1큰술
□ 설탕 1/2큰술
□ 참깨 1/2큰술
□ 참기름 1/2큰술
□ 식초 1/2큰술

1 굵은 뿌리는 반으로 가르고, 쪽파를 손질한다.

2 끓는 물에 소금을 약간 넣고 뿌리부터 데치다가
  나중에 파란 잎을 마저 넣고 살짝 데친다.

3 데친 쪽파는 3㎝ 길이로 자르고 물기를 살짝 짠다.

4 분량대로 양념장을 만들어 쪽파를 버무린다.
  마지막에 참깨와 참기름, 식초를 넣고 섞는다.

"쪽파가 싸고 맛있는 이 계절에 마른 김을 추가해 함께 버무려보세요. 쉽고 간편하게 만들지만
따뜻한 밥 한 숟가락에 쪽파 김무침 올려 먹으면 정말 맛있습니다."

쪽파 김무침

● 재료

☐ 쪽파 200g
☐ 구운 김 4장
☐ 붉은 고추 1/2개

● 양념

☐ 간장 1.5큰술
☐ 고춧가루 2/3작은술
☐ 맛술 1/2큰술
☐ 참깨 1/2큰술
☐ 참기름 1/2큰술

1 쪽파의 굵은 뿌리는 반으로 갈라 손질한 후 깨끗하게 씻는다.
   끓는 물에 소금을 약간 넣고 쪽파를 데친다. 뿌리부터 넣고 데치다가
   잎은 나중에 넣고 살짝 데친다.

2 데친 쪽파는 3㎝ 길이로 자르고 물기를 살짝 짠다.

3 붉은 고추는 씨를 제거한 후 짧게 채 썰고, 구운 김은 잘게 자른다.

4 간장, 맛술, 고춧가루를 넣고 양념장을 만든다.

5 볼에 쪽파, 붉은 고추, 김, 양념장을 넣고 조물조물 버무리다가
   마지막에 참깨와 참기름을 넣고 섞는다.

밤무침

● 재료

□ 밤 200g
□ 오이 1/2개
□ 양파 100g

● 양념

□ 고춧가루 2작은술
□ 설탕 1.5큰술
□ 소금 1작은술
□ 식초 1.5큰술
□ 송송 썬 실파 2큰술
□ 참깨 1큰술

1 밤은 껍질을 벗겨 납작하게 썬다. 껍질 벗긴 밤을 구입하면 편하다.
  물에 담가 건져 물기를 제거한다.

2 오이는 길이로 반을 잘라 어슷하게 썬다.

3 양파는 곱게 채를 썬다.

4 분량대로 양념장을 만든다.

5 먹기 전에 버무린다. 볼에 준비한 밤, 오이, 양파, 양념장을 넣고
  조물조물 무친다.

"부추를 신선하게 먹을 수 있는 마지막 계절인 가을에 부추김치를 담그세요.
익히지 않고 심심하게 겉절이처럼 버무려 따끈한 밥에 참기름 살짝 부어 부추김치 넣고 비벼보세요."

가을 부추김치

● 재료

□ 부추 1kg(2단)
□ 양파 100g   □ 당근 50g

● 양념

□ 고춧가루 3/4컵
□ 멸치 다시마물 1/2컵
□ 멸치액젓 4큰술   □ 새우젓 2큰술
□ 매실액 2큰술
□ 배즙(또는 물) 2큰술
□ 다진 마늘 2큰술
□ 다진 생강 1/2작은술

1 부추는 씻은 뒤 물기를 뺀다. 가지런히 놓고 3등분으로 자른다.

2 볼에 부추를 담고 멸치액젓으로 10분 정도 살짝 절인다.

3 당근은 채를 썰고, 양파는 반으로 잘라 채를 썬다.

4 멸치액젓을 뺀 나머지 양념을 분량대로 넣고 양념장을 만든다.

5 절인 부추에 만든 양념장과 당근, 양파를 넣고 살살 버무린다.

스키야키

"따뜻한 음식이 생각나기 시작하는 계절입니다. '오늘은 뭐해 먹을까'라고 고민될 때…
다양한 채소와 얇은 소고기를 자작하게 졸이면서 먹는 스키야키 메뉴 강추합니다.
마지막에 우동 생면을 넣고 끓인 뒤 소스에 찍어 먹어보세요."

● 재료

- □ 소고기 300g
- □ 두부 1모
- □ 팽이버섯 1팩
- □ 표고버섯 5개
- □ 우엉 1/2대(생략 또는 대체 가능)
- □ 대파 1대 □ 양파 1개
- □ 속배추 잎 6장
- □ 곤약 200g
- □ 시금치 100g
- □ 숙주 150g
- □ 쑥갓 50g

● 밑국물 양념

우동 간장과 물의 비율 1:1

- □ 물 1컵
- □ 우동 간장 또는 스키야키 간장 1컵
- □ 후추 약간

● 1인 소스

- □ 우동 간장 또는 간장 1~2방울
- □ 달걀 1개
- □ 들기름 1~2방울

1 두부는 노릇하게 구워 손가락 굵기로 썬다. 곤약은 얇게 썰어
가운데 칼집을 내고 뒤집어 모양을 잡아 끓는 물에 살짝 데친다.

2 속배추는 흰 부분은 얇게, 잎 부분은 굵게 채를 썬다.
대파는 어슷하게 썰고, 숙주와 시금치, 쑥갓은 씻은 후 물기를 제거한다.
팽이버섯은 찢고, 표고버섯은 모양대로 얇게 썬다.
우엉은 연필 깎듯이 썰고, 양파는 채를 썬다.

3 준비한 모든 재료를 큰 접시에 보기 좋게 담고, 소고기도 접시에 담는다.

4 스키야키 밑국물을 넉넉하게 준비한다. 먹으면서 국물이 줄어들 때 조금씩 더 넣으면서 먹는다.
1인 소스도 준비한다. 달걀을 푼 소스에 찍어 먹으면 짠맛이 중화되고 익은 재료의 맛을 배가시킨다.
달걀 소스에 들기름을 살짝 넣으면 달걀의 비릿함을 잡아 한결 맛있게 먹을 수 있다.

가을에는 비우고 정리하기

미션 1 수납에도 규칙이 있다

집이 좁다, 깔끔한 수납이 힘들다 하는 사람은 살림을 정리해 보세요. 필요 없는 살림들만 추려내도 집안이 훨씬 깔끔하고 밝아질 거예요. 이사 가기 전에 버릴 걸 다 버렸다고 생각해도 이사 후에 정리하다 보면 또 버릴게 한가득~. 큰마음 먹고 버려도 다음에 보면 또 버릴 게 나오는 건 정말 신기한 일이죠. 필요 없는 걸 골라서 버려도 버려도 버릴게 또 나오고 여전히 정리가 안 되는 것 같다면 이번에는 꼭 필요한 것들만 남겨놓고 나머지를 과감히 버려보세요. 여기서 버린다는 것은 쓰레기통에 버리는 것만이 아니라, 나눔이나 기부 또는 벼룩시장 처분 등도 포함됩니다.

필요 없는 걸 버리는 건 아까운 게 아니다!

아깝다는 이유로 못 버리고 끌어안고 쌓아놓고 살면서 받는 스트레스. 쳐다볼 때마다 괜히 샀다 돈 아깝다 생각하며 스트레스 받지 말고 과감히 버려요! 정말 아까운 건 필요 없는걸 버리는 게 아니라 필요 없는 걸 사는 것! 눈물을 머금고 버리면서 충동구매 대신 신중하고 현명한 소비를 해야지 하고 마음먹는다면 그야말로 큰 발전입니다.

옷이나 신발 등 2년 동안 한 번도 사용하지 않았다면 과감히 아웃!

아이들 옷이나 책, 장난감 등을 물려받게 될 경우, 당장이 아니라 몇 년 후에나 사용하게 될 것이라면 과감히 거절하는 것이 좋아요. 막상 입거나 사용하려고 보면 유행이 지났거나 색이 바래져 버리게 되는 경우가 많은데 힘들게 보관했다가 사용도 하지 못한다면 억울하니까요.
누군가가 옷이나 가방 등을 준다고 할 때 내 스타일이 아닌데 거절을 못해서 받아오는 경우가 종종 있습니다. 받아와서 쌓아놓고 스트레스 받느니 세련되게 거절하는 방법을 익혀두세요.

음식물 쓰레기에 꼬이는 날파리 퇴치 예방법

몇 년 전 침구나 매트리스에 계피를 사용하면 진드기를 퇴치할 수 있다며
화제가 된 적이 있었습니다.
그런데 계피로 만든 스프레이를 실제로 사용해 보니 색깔 때문에
매트리스나 화이트 침구에 사용하기에는 사실 적합하지 않았어요.
그래서 이왕 만든 것 다른 용도로 사용하려고 했고,
고심한 끝에 발견한 것이 바로 음식 쓰레기에 꼬이는
날파리 퇴치 용도였습니다.
사용한 결과 놀라운 효과를 얻었습니다.
그 이후로도 쭉 사용하고 있습니다.
특히 여름에는 꼭 필요한 필수 아이템입니다. 먹고 남은
포도 껍질을 5분만 방치해도 벌레가 꼬이죠. 어디서
날아오는 게 아니라 그냥 생기는 것 같아요.
이 외에도 양파망에 계피를 넣어 신발장 안에 넣어두면
은은하게 퍼지는 계피 향 방향제가 됩니다.

★ 계피와 에탄올로 만든 시나몬 스프레이 만들기

● 준비물 : 통계피(베트남산은 1,000원 정도), 에탄올 250㎖ 1병, 보관용기(잼 등의 유리병 재활용), 분무기

1 통계피를 준비하고 살짝 눅눅하면 말린다.
2 약국에서 판매하는 소독용 에탄올도 준비한다.
3 에탄올 1병에 계피 3~4조각만 넣어도 향은 충분히 나지만 만족도 높은
   효과를 위해 가득 넣는다.
4 에탄올 1병을 붓는다. 실내에서 뚜껑을 덮어 계피 향이 잘 우러나도록
   1~2주 정도 숙성시킨다.
5 찌꺼기나 가루가 있으면 분무기의 구멍을 막힐 수 있으니 분무기에 담을 때 체로 걸러서 넣어준다.

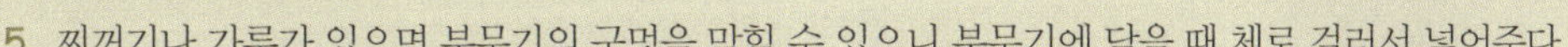

사용할 때에는 분무기에 담아서 사용하고 물과 희석해도 되지만, 원액 그대로 사용하는 것이 효과
면에서 탁월합니다. 과일 껍질이 수북한 음식물 쓰레기통에 계피 스프레이를 뿌린 후 뚜껑을
4시간 정도 열어두었는데 날파리가 생기지 않았어요. 또 매일매일 음식물 쓰레기를 버릴 수 없을 때
수시로 계피 스프레이를 뿌리면 냄새까지 잡아줍니다.

 # 시간을 절약하는 히든 정리법

한 번만 제대로 정리해 두면 생활하면서 어지를 일이 줄어들고 물건을 어디다 두었는지 몰라서 찾아 헤맬 일이 적어요.

1 모든 물건들은 자리를 정해서 수납한다.
2 같은 종류의 물건은 한자리에 모아둔다.
3 하나를 꺼낼 때 나머지가 쓰러지거나 뒤엉키지 않게 정리해 두어야 한다.
4 박스나 바구니를 적극 활용하여 수납한다. 박스 인 박스!

화장대 정리

화장대 위는 정리를 해도 복잡해지기 마련이죠. 또 유분기가 남아 있게 되면 먼지나 세균이 번식하기 쉬워요. 화장품 용기도 자주 닦아주면서 사용해야 하는데, 그것이 귀찮다면 서랍이나 뚜껑 있는 박스 등에 넣어두고 사용하는 것이 좋아요. 건강한 피부를 위해 가장 중요한 것은 너무 오랜 기간 동안 사용하지 않도록 화장품별 유통기한을 기록하고 날짜 기준으로 정리하는 것입니다.

1 화장품의 유통기한이 생각보다 그리 길지 않다. 특히 샘플은 더 짧다. 오래두지 말고 기한 내에 사용하자.
   사용하지 않는 것은 미리미리 쓸 수 있을 때 선물하는 게 오히려 낫다.

★ **생각보다 길지 않은 화장품의 사용기한** : 유통기한은 제조사나 제품에 따라 약간씩 차이가 있지만 대부분
   제조일로부터 2년 정도 된다. 하지만 유통기한보다 중요한 건 개봉 후의 사용기한이다!
   • 스킨 로션 등의 기초 화장품 : 개봉 후 1년   • 비비크림 선크림 : 개봉 후 6개월~1년
   • 파우더, 팩트 : 개봉 후 2년(퍼프 관리가 더 중요)   • 아이섀도 : 개봉 후 1년 정도
   • 립스틱 : 개봉 후 1년   • 마스카라, 아이라이너 : 개봉 후 6개월

2 쓸려니 살짝 찜찜한 화장품들. 선물 받았는데 쓰지 않은 것들이나 날짜가 지나 살짝 쓰기가 꺼려지는
   화장품들이 있다면 한 단계 용도를 낮춰 써보자. 얼굴용은 핸드크림으로, 핸드크림은 풋크림으로~.
   마스크팩 등도 손이나 발 팩으로 사용하면 되므로 쓰지 않는다고 무조건 버릴 필요는 없다.

3 화장품의 종류가 너무 많다면 정리도 힘들고 막상 정리가 되어도 어수선하다.
   게다가 아무래도 쓰는 기간이 길어질 수밖에 없다! 과감히 정리해 보자.

서랍장 정리

옷, 화장품, 문구품, 각종 소품 등 어디에 두는지 무엇을 넣는지에 따라 다양한 용도로 사용이 가능한 서랍장. 서랍장은 무엇을 정리하느냐가 아니라 용도별로 어떻게 정리하는지가 더 중요합니다.

■ **정리하고 비우는 방법**
1 서랍이 넓은 경우에는 바구니나 상자 또는 서랍 정리대를 이용해서 칸을 나눠주면 흐트러짐을 막을 수 있다.

   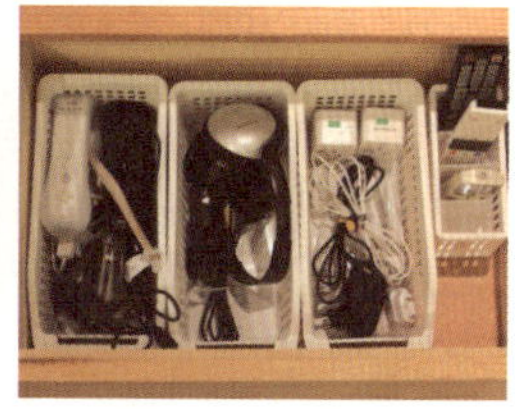

2 위로 쌓아놓는 것보다 세워서 세로로 수납하면 수납량도 훨씬 많아지고 한눈에 보여 꺼내 쓰기도 좋다.

3 가족 모두가 자리를 함께 공유하고, 꺼내는 방법 등을 함께 익히면 좋다.

■ 깔끔하게 옷 접는 노하우

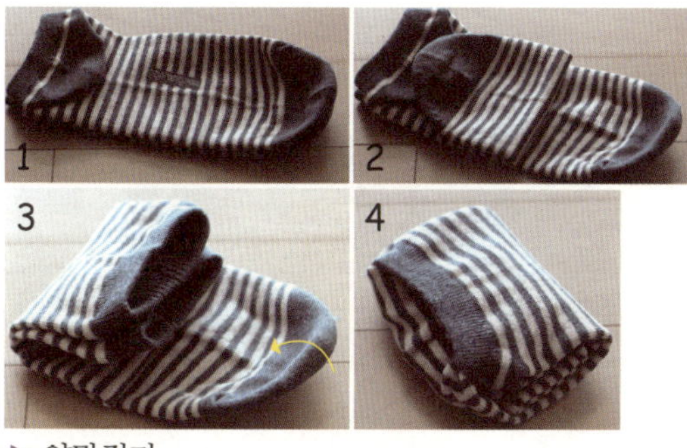

▶ 양말접기

1 뒤꿈치를 펼친다.

2 뒤꿈치 부분이 위로 오도록 두짝을 포갠다.

3 위쪽 양말을 발목 부분으로 반 접어 올린다.

4 발목을 접어 내리고 발가락 부분을 쏙 끼워 넣는다.

▶ 팬티 접기(삼각, 드로즈, 트렁크)

1 앞이 보이도록 놓은 다음 삼등분으로 접는다.

2 고무줄 부분을 접어 내리면서 안으로 집어넣는다.
   사이즈가 큰 경우는 사등분으로 접고 나머지는 같다.

▲ 덧버선양말은 한짝 속에 나머지 한짝을 넣고
발등부분을 들어 양말 속에 집어넣으면 된다.

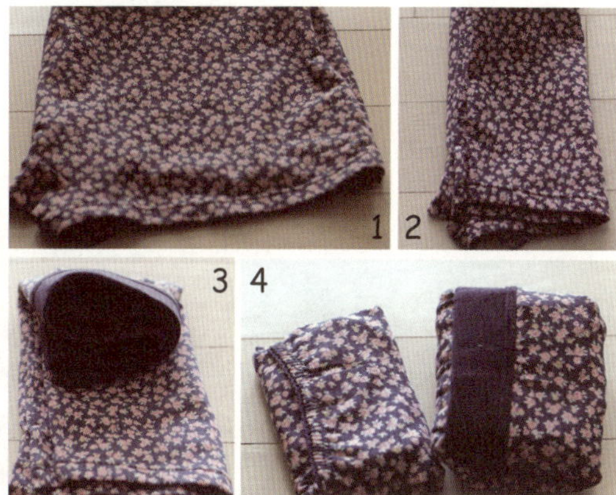

▶ 러닝셔츠 접기

1 앞부분이 위로 올라오도록 펼쳐놓는다.　2 반으로 접어 내린다.

3 삼등분으로 접는다.　4 1/5 정도 남기고 포갠 다음 끝부분이 안으로 들어가도록 해서 접는다.

★ 접었을 때 가장자리가 안 보이게 해준다고 생각하면서 반으로 접을 때도 완전히 포개지 말고
　살짝 안쪽으로 넣어준다.

▶ 티셔츠 접기

1 목 부분이 위로 오도록 펼쳐놓고 팔을 안쪽으로 접어 넣어 몸통 부분과 맞춘다.

2 정리하고자 하는 서랍 속의 바구니나 칸에 맞게 어깨를 접어 넣는다.

3 보관할 서랍이나 바구니의 높이에 맞춰 허리 부분을 접어 올리고 삼등분한다.
　목 부분이 안 보이도록 먼저 접는다.

▶ 바지 접기

1 바지의 지퍼와 단추를 채우고
　지퍼가 안쪽으로 가도록 반을
　접는다.

2 힙 부분의 튀어나온 곳을
　가운데로 접어 넣는다.

3 발목 부분을 반 정도 접어
　올린다.

4 허리 부분을 접고 나머지는
　칸에 맞춰 삼등분 또는
　사등분으로 접으면 된다.

▶ 후드 티셔츠 접기

1 후드에 맞춰 안으로 접어 넣는다.

2 후드 부분을 남겨놓고 허리를 반 접어 올린다.

3 보관할 곳의 높이에 맞춰서 접은 다음 후드로 감싼다.

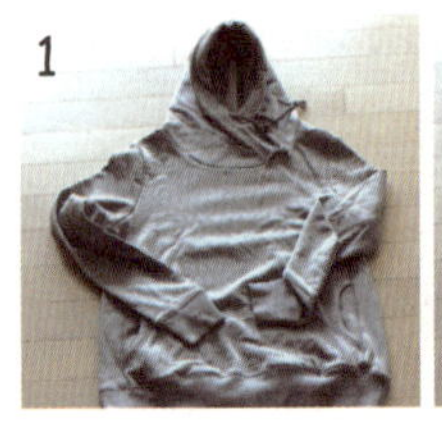  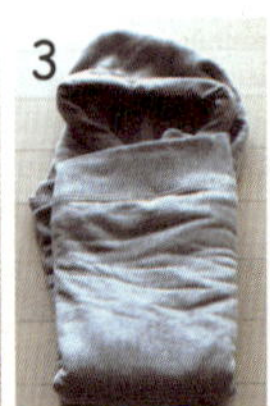 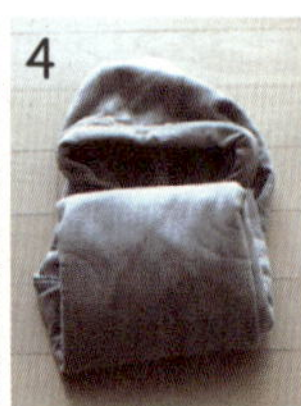  

• 빛나는 살림! 버리고 비울 물품 정하기 •

■ 버릴 것

■ 기부할 것

■ 재활용 정리 도구

■ 새로 구입해야 할 정리 도구

• 아름다운 정리! 화장품 분류하기 •

■ 기초

■ 메이크업

■ 도구

■ 유통기한 지난 화장품 재활용

Sunday	Monday	Tuesday	Wednesday
2	3 개천절	4	5
9 한글날	10	11 음 9.11	12
16	17	18	19
23 상강	24	25	26
30	31 음 10.1		

Thursday	Friday	Saturday
		1 (음)9.1 국군의 날
6	**7**	**8** 한로
13	**14**	**15**
20	**21** (음)9.21	**22**
27	**28**	**29**

OCTOBER

10

2 0 1 6

9 September

Su	Mo	Tu	We	Th	Fr	Sa
				1	2	3
4	5	6	7	8	9	10
11	12	13	14	15	16	17
18	19	20	21	22	23	24
25	26	27	28	29	30	

11 November

Su	Mo	Tu	We	Th	Fr	Sa
		1	2	3	4	5
6	7	8	9	10	11	12
13	14	15	16	17	18	19
20	21	22	23	24	25	26
27	28	29	30			

2016 4분기 타임캡슐

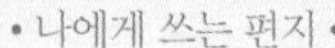

• 나에게 쓰는 편지 •

To.

지출관리를 위한 씀씀이 계획

3개월 단기 목표

2016년   월 일

from .

10 01 홍 9.1 국군의 날 토요일

10월 첫날 결산 내용

수입	내용	금액
들어온 돈 총액		

■ 현금 사용 ■ 카드 사용

지출	내용	금액	
			■
			■
			■
			■
			■
			■
			■
			■
			■
			■
			■
			■
			■
			■
			■
			■
			■
			■
			■
			■
			■
			■
			■
			■
			■
			■
카드 사용 총액			
현금 사용 총액			
나간 돈 총액			

이번 주 지출 내역

고정지출

주택관련비	
공과금	
보험료	
세금	
통신비	

변동지출

교육비	
의류비	
의료비	
주식비	
외식비	
유흥비	
꾸밈비	
건강관리비	
문화생활비	
교통비	
차량유지비	
기타	

이번 주 재테크

저축	
투자	
연금	
보험	

수입 합계	
지출 합계	
카드 합계	
현금 합계	

02		일요일	03	개천절 월요일	04	화요일	05	수요일

수입	내용	금액	내용	금액	내용	금액	내용	금액
	들어온 돈 총액		들어온 돈 총액		들어온 돈 총액		들어온 돈 총액	

■ 현금 사용　■ 카드 사용

지출	내용	금액	내용	금액	내용	금액	내용	금액
	카드 사용 총액		카드 사용 총액		카드 사용 총액		카드 사용 총액	
	현금 사용 총액		현금 사용 총액		현금 사용 총액		현금 사용 총액	
	나간 돈 총액		나간 돈 총액		나간 돈 총액		나간 돈 총액	

06	목요일	07	금요일	08	한로 토요일
내용	금액	내용	금액	내용	금액

들어온 돈 총액 · 들어온 돈 총액 · 들어온 돈 총액

■ 현금 사용   ■ 카드 사용

내용	금액	내용	금액	내용	금액

카드 사용 총액	카드 사용 총액	카드 사용 총액
현금 사용 총액	현금 사용 총액	현금 사용 총액
나간 돈 총액	나간 돈 총액	나간 돈 총액

10월 첫째 주 결산 내용

이번 주 지출 내역

고정지출

주택관련비

공과금

보험료

세금

통신비

변동지출

교육비

의류비

의료비

주식비

외식비

유흥비

꾸밈비

건강관리비

문화생활비

교통비

차량유지비

기타

이번 주 재테크

저축

투자

연금

보험

수입 합계

지출 합계

카드 합계

현금 합계

10	**09** 한글날 일요일		**10** 월요일		**11** 음 9.11 화요일		**12** 수요일	
수입	내용	금액	내용	금액	내용	금액	내용	금액
	들어온 돈 총액		들어온 돈 총액		들어온 돈 총액		들어온 돈 총액	

■ 현금 사용　■ 카드 사용

지출	내용	금액	내용	금액	내용	금액	내용	금액
	카드 사용 총액		카드 사용 총액		카드 사용 총액		카드 사용 총액	
	현금 사용 총액		현금 사용 총액		현금 사용 총액		현금 사용 총액	
	나간 돈 총액		나간 돈 총액		나간 돈 총액		나간 돈 총액	

13	목요일	14	금요일	15	토요일
내용	금액	내용	금액	내용	금액

들어온 돈 총액		들어온 돈 총액		들어온 돈 총액	

■ 현금 사용　■ 카드 사용

내용	금액	내용	금액	내용	금액

카드 사용 총액		카드 사용 총액		카드 사용 총액	
현금 사용 총액		현금 사용 총액		현금 사용 총액	
나간 돈 총액		나간 돈 총액		나간 돈 총액	

Weekly Total

10월 둘째 주 결산 내용

이번 주 지출 내역

고정지출

- 주택관련비
- 공과금
- 보험료
- 세금
- 통신비

변동지출

- 교육비
- 의류비
- 의료비
- 주식비
- 외식비
- 유흥비
- 꾸밈비
- 건강관리비
- 문화생활비
- 교통비
- 차량유지비
- 기타

이번 주 재테크

- 저축
- 투자
- 연금
- 보험

수입 합계

지출 합계

카드 합계

현금 합계

10 **16**	일요일	**17**	월요일	**18**	화요일	**19**	수요일
수입 내용	금액	내용	금액	내용	금액	내용	금액

들어온 돈 총액 들어온 돈 총액 들어온 돈 총액 들어온 돈 총액

■ 현금 사용 ■ 카드 사용

지출 내용	금액	내용	금액	내용	금액	내용	금액

카드 사용 총액 카드 사용 총액 카드 사용 총액 카드 사용 총액

현금 사용 총액 현금 사용 총액 현금 사용 총액 현금 사용 총액

나간 돈 총액 나간 돈 총액 나간 돈 총액 나간 돈 총액

20	목요일	21	옴 9.21 금요일	22	토요일
내용	금액	내용	금액	내용	금액

| 들어온 돈 총액 | | 들어온 돈 총액 | | 들어온 돈 총액 | |

■ 현금 사용   ■ 카드 사용

내용	금액	내용	금액	내용	금액

카드 사용 총액		카드 사용 총액		카드 사용 총액	
현금 사용 총액		현금 사용 총액		현금 사용 총액	
나간 돈 총액		나간 돈 총액		나간 돈 총액	

10월 셋째 주 결산 내용

이번 주 지출 내역

고정지출

- 주택관련비
- 공과금
- 보험료
- 세금
- 통신비

변동지출

- 교육비
- 의류비
- 의료비
- 주식비
- 외식비
- 유흥비
- 꾸밈비
- 건강관리비
- 문화생활비
- 교통비
- 차량유지비
- 기타

이번 주 재테크

- 저축
- 투자
- 연금
- 보험

수입 합계

지출 합계

카드 합계

현금 합계

10	**23**	상강 일요일	**24**	월요일	**25**	화요일	**26**	수요일
수입	내용	금액	내용	금액	내용	금액	내용	금액

들어온 돈 총액 / 들어온 돈 총액 / 들어온 돈 총액 / 들어온 돈 총액

■ 현금 사용　■ 카드 사용

지출	내용	금액	내용	금액	내용	금액	내용	금액

카드 사용 총액 / 카드 사용 총액 / 카드 사용 총액 / 카드 사용 총액

현금 사용 총액 / 현금 사용 총액 / 현금 사용 총액 / 현금 사용 총액

나간 돈 총액 / 나간 돈 총액 / 나간 돈 총액 / 나간 돈 총액

10월 넷째 주 결산 내용

이번 주 지출 내역

27		목요일	28		금요일	29		토요일
내용	금액		내용	금액		내용	금액	

들어온 돈 총액 | 들어온 돈 총액 | 들어온 돈 총액

■ 현금 사용   ■ 카드 사용

내용	금액	내용	금액	내용	금액

카드 사용 총액 | 카드 사용 총액 | 카드 사용 총액

현금 사용 총액 | 현금 사용 총액 | 현금 사용 총액

나간 돈 총액 | 나간 돈 총액 | 나간 돈 총액

고정지출
주택관련비

공과금

보험료

세금

통신비

변동지출
교육비

의류비

의료비

주식비

외식비

유흥비

꾸밈비

건강관리비

문화생활비

교통비

차량유지비

기타

이번 주 재테크

저축

투자

연금

보험

수입 합계

지출 합계

카드 합계

현금 합계

10	30		일요일	31		윤 10.1 월요일
수입	내용	금액		내용	금액	

들어온 돈 총액			들어온 돈 총액		

■ 현금 사용　■ 카드 사용

지출	내용	금액	내용	금액
카드 사용 총액			카드 사용 총액	
현금 사용 총액			현금 사용 총액	
나간 돈 총액			나간 돈 총액	

10월 마지막 주 결산 내용

이번 주 지출 내역

고정지출

주택관련비

공과금

보험료

세금

통신비

변동지출

교육비

의류비

의료비

주식비

외식비

유흥비

꾸밈비

건강관리비

문화생활비

교통비

차량유지비

기타

이번 주 재테크

저축

투자

연금

보험

수입 합계

지출 합계

카드 합계

현금 합계

일석이조!
안 쓰는 물품은 아름답게 기부하자

옷장을 정리할 때마다 보면 잘 입지는 않는데 버리긴 아까운 옷들이 적지 않을 거예요. 괜히 공간만 차지하는 헌 옷들을 모아 '아름다운 가게(www.beautiful store.org)'에 기부하면 가치에 따라 금액을 책정해 기부금 영수증을 보내줍니다.

의류 외에도 신발, 가방, 가전 등 기증 가능한 물품을 기부하고 영수증을 발급받으면 연말정산에 혜택을 받을 수 있으니 그야말로 일석이조가 아닐 수 없죠. 기증한 물품이 1000원의 가치평가를 받을 경우 세액공제율 15%를 적용하면 150원이 공제됩니다.

★ 우리 집 기부할 품목 리스트

10	항목	내용	사용처	날짜	금액	결제방식
주택관련비	주거비(월세)					
	대출(이자1)					
	대출(이자2)					
주 택 관 련 비 소 계						
공과금	관리비					
	가스					
	전기					
	수도					
공 과 금 소 계						
통신비	휴대폰					
	인터넷					
	TV 통신망					
	집전화					
통 신 비 소 계						
보장성보험료	암보험					
	의료실비보험					
	종신보험					
	주택화재보험					
	기타					
보 장 성 보 험 료 소 계						
건강관리비	병원비					
	약재비					
	건강보조제 구입					
	헬스이용권					
	기타					
건 강 관 리 비 소 계						

■ 한눈에 보는 2016년 10월 우리 집 수입과 지출

항목		내용	사용처	날짜	금액	결제방식
교통비	버스·지하철					
	택시					
	기타					
교 통 비 소 계						
차량유지비	자동차보험					
	유류비					
	특별비					
	기타					
차 량 유 지 비 소 계						
문화생활비	도서					
	공연					
	여행					
	기타					
문 화 생 활 비 소 계						
패션뷰티꾸밈비	의류					
	액세서리					
	헤어					
	뷰티					
	기타					
패 션 뷰 티 꾸 밈 비 소 계						
장보기·식비	대형마트					
	시장					
	인터넷 쇼핑몰					
	TV 홈쇼핑					
	외식					
장 보 기 · 식 비 소 계						

10 OCTOBER

10	항목	내용	사용처	날짜	금액	결제방식
유흥비	가족 모임					
	지인 모임					
	기타					
유 흥 비 소 계						
부모님 봉양비	용돈					
	물품					
	의료					
	기타					
부 모 님 봉 양 비 소 계						
자녀양육비	용돈					
	교재비					
	교육비					
	기타					
자 녀 양 육 비 소 계						
기타 활동비	종교생활					
	경조사비					
	기부금					
	선물					
	기타					
기 타 활 동 비 소 계						
장기할부	가전·가구					
	패션·뷰티					
	건강보조용품					
	주방생활용품					
	기타					
장 기 할 부 소 계						

	항목	내용	수입원	날짜	금액	비고
수입	근로소득					
	자산운용소득 (이자·배당)					
	임대소득					
	기타소득					
	수 입 합 계					

	항목	내용	운용처	날짜	금액	비고
재테크	부동산					
	저축					
	투자성 상품					
	저축성 보험					
	기타					
	재 테 크 합 계					

	항목	내용	납부처	날짜	금액	비고
세금	세금1					
	세금2					
	세금3					
	세금4					
	세금5					
	세 금 합 계					

MEMO

Sunday	Monday	Tuesday	Wednesday
		1	2
6	7 입동	8	9
13	14	15	16
20 음 10.21	21	22 소설	23
27	28	29 음 11.1	30

Thursday	Friday	Saturday
3	4	5
10 음 10.11	11	12
17	18	19
24	25	26
27	28	29

10 October

Su	Mo	Tu	We	Th	Fr	Sa
						1
2	3	4	5	6	7	8
9	10	11	12	13	14	15
16	17	18	19	20	21	22
23	24	25	26	27	28	29
30	31					

12 December

Su	Mo	Tu	We	Th	Fr	Sa
				1	2	3
4	5	6	7	8	9	10
11	12	13	14	15	16	17
18	19	20	21	22	23	24
25	26	27	28	29	30	31

01		화요일	02		수요일
수입	내용	금액	내용	금액	
	들어온 돈 총액		들어온 돈 총액		

■ 현금 사용   ■ 카드 사용

지출	내용	금액	내용	금액
		■ ■		■ ■
		■ ■		■ ■
		■ ■		■ ■
		■ ■		■ ■
		■ ■		■ ■
		■ ■		■ ■
		■ ■		■ ■
		■ ■		■ ■
		■ ■		■ ■
		■ ■		■ ■
	카드 사용 총액		카드 사용 총액	
	현금 사용 총액		현금 사용 총액	
	나간 돈 총액		나간 돈 총액	

03	목요일	04	금요일	05	토요일
내용	금액	내용	금액	내용	금액

들어온 돈 총액 | 들어온 돈 총액 | 들어온 돈 총액

■ 현금 사용　■ 카드 사용

내용	금액	내용	금액	내용	금액

카드 사용 총액 | 카드 사용 총액 | 카드 사용 총액

현금 사용 총액 | 현금 사용 총액 | 현금 사용 총액

나간 돈 총액 | 나간 돈 총액 | 나간 돈 총액

11월 첫째 주 결산 내용

이번 주 지출 내역

고정지출

주택관련비

공과금

보험료

세금

통신비

변동지출

교육비

의류비

의료비

주식비

외식비

유흥비

꾸밈비

건강관리비

문화생활비

교통비

차량유지비

기타

이번 주 재테크

저축

투자

연금

보험

수입 합계

지출 합계

카드 합계

현금 합계

06		일요일	07	입동 월요일	08	화요일	09	수요일

수입

내용	금액	내용	금액	내용	금액	내용	금액

들어온 돈 총액

■ 현금 사용   ■ 카드 사용

지출

내용	금액	내용	금액	내용	금액	내용	금액

카드 사용 총액

현금 사용 총액

나간 돈 총액

10	⑧ 10.11 목요일	11	금요일	12	토요일
내용	금액	내용	금액	내용	금액

들어온 돈 총액		들어온 돈 총액		들어온 돈 총액	

■ 현금 사용 ■ 카드 사용

내용	금액	내용	금액	내용	금액

카드 사용 총액		카드 사용 총액		카드 사용 총액	
현금 사용 총액		현금 사용 총액		현금 사용 총액	
나간 돈 총액		나간 돈 총액		나간 돈 총액	

Weekly Total

11월 둘째 주 결산 내용

이번 주 지출 내역

고정지출

- 주택관련비
- 공과금
- 보험료
- 세금
- 통신비

변동지출

- 교육비
- 의류비
- 의료비
- 주식비
- 외식비
- 유흥비
- 꾸밈비
- 건강관리비
- 문화생활비
- 교통비
- 차량유지비
- 기타

이번 주 재테크

- 저축
- 투자
- 연금
- 보험

수입 합계

지출 합계

카드 합계

현금 합계

13		일요일	14		월요일	15		화요일	16		수요일
수입	내용	금액	내용	금액	내용	금액	내용	금액
	들어온 돈 총액		들어온 돈 총액		들어온 돈 총액		들어온 돈 총액	

■ 현금 사용　　■ 카드 사용

지출	내용	금액	내용	금액	내용	금액	내용	금액
	카드 사용 총액		카드 사용 총액		카드 사용 총액		카드 사용 총액	
	현금 사용 총액		현금 사용 총액		현금 사용 총액		현금 사용 총액	
	나간 돈 총액		나간 돈 총액		나간 돈 총액		나간 돈 총액	

17	목요일	18	금요일	19	토요일
내용	금액	내용	금액	내용	금액

들어온 돈 총액		들어온 돈 총액		들어온 돈 총액	

■ 현금 사용　■ 카드 사용

내용	금액	내용	금액	내용	금액

카드 사용 총액		카드 사용 총액		카드 사용 총액	
현금 사용 총액		현금 사용 총액		현금 사용 총액	
나간 돈 총액		나간 돈 총액		나간 돈 총액	

11월 셋째 주 결산 내용

이번 주 지출 내역

고정지출

주택관련비	
공과금	
보험료	
세금	
통신비	

변동지출

교육비	
의류비	
의료비	
주식비	
외식비	
유흥비	
꾸밈비	
건강관리비	
문화생활비	
교통비	
차량유지비	
기타	

이번 주 재테크

저축	
투자	
연금	
보험	

수입 합계	
지출 합계	
카드 합계	
현금 합계	

NOVEMBER

<table>
<tr><td>11</td><td colspan="2">20 음 10.21 일요일</td><td colspan="2">21 월요일</td><td colspan="2">22 소설 화요일</td><td colspan="2">23 수요일</td></tr>
<tr><td>수입</td><td>내용</td><td>금액</td><td>내용</td><td>금액</td><td>내용</td><td>금액</td><td>내용</td><td>금액</td></tr>
</table>

들어온 돈 총액   들어온 돈 총액   들어온 돈 총액   들어온 돈 총액

■ 현금 사용　■ 카드 사용

<table>
<tr><td>지출</td><td>내용</td><td>금액</td><td>내용</td><td>금액</td><td>내용</td><td>금액</td><td>내용</td><td>금액</td></tr>
</table>

카드 사용 총액   카드 사용 총액   카드 사용 총액   카드 사용 총액

현금 사용 총액   현금 사용 총액   현금 사용 총액   현금 사용 총액

나간 돈 총액   나간 돈 총액   나간 돈 총액   나간 돈 총액

24		목요일	25		금요일	26		토요일
내용	금액		내용	금액		내용	금액	
들어온 돈 총액			들어온 돈 총액			들어온 돈 총액		

■ 현금 사용   ■ 카드 사용

내용	금액		내용	금액		내용	금액	
카드 사용 총액			카드 사용 총액			카드 사용 총액		
현금 사용 총액			현금 사용 총액			현금 사용 총액		
나간 돈 총액			나간 돈 총액			나간 돈 총액		

Weekly Total

11월 넷째 주 결산 내용

이번 주 지출 내역

고정지출

주택관련비

공과금

보험료

세금

통신비

변동지출

교육비

의류비

의료비

주식비

외식비

유흥비

꾸밈비

건강관리비

문화생활비

교통비

차량유지비

기타

이번 주 재테크

저축

투자

연금

보험

수입 합계

지출 합계

카드 합계

현금 합계

11 NOVEMBER

11	27		일요일	28		월요일	29		용 11.1 화요일	30		수요일
수입	내용	금액		내용	금액		내용	금액		내용	금액	
	들어온 돈 총액			들어온 돈 총액			들어온 돈 총액			들어온 돈 총액		

■ 현금 사용　■ 카드 사용

지출	내용	금액		내용	금액		내용	금액		내용	금액	
	카드 사용 총액			카드 사용 총액			카드 사용 총액			카드 사용 총액		
	현금 사용 총액			현금 사용 총액			현금 사용 총액			현금 사용 총액		
	나간 돈 총액			나간 돈 총액			나간 돈 총액			나간 돈 총액		

11월 마지막 주 결산 내용

이번 주 지출 내역

	고정지출
주택관련비	
공과금	
보험료	
세금	
통신비	

	변동지출
교육비	
의류비	
의료비	
주식비	
외식비	
유흥비	
꾸밈비	
건강관리비	
문화생활비	
교통비	
차량유지비	
기타	

이번 주 재테크

저축	
투자	
연금	
보험	

수입 합계

지출 합계

카드 합계	
현금 합계	

11	항목	내용	사용처	날짜	금액	결제방식
주택관련비	주거비(월세)					
	대출(이자1)					
	대출(이자2)					
주 택 관 련 비 소 계						
공과금	관리비					
	가스					
	전기					
	수도					
공 과 금 소 계						
통신비	휴대폰					
	인터넷					
	TV 통신망					
	집전화					
통 신 비 소 계						
보장성보험료	암보험					
	의료실비보험					
	종신보험					
	주택화재보험					
	기타					
보 장 성 보 험 료 소 계						
건강관리비	병원비					
	약재비					
	건강보조제 구입					
	헬스이용권					
	기타					
건 강 관 리 비 소 계						

■ 한눈에 보는 2016년 11월 우리 집 수입과 지출

	항목	내용	사용처	날짜	금액	결제방식
교통비	버스 · 지하철					
	택시					
	기타					
교 통 비 소 계						
차량유지비	자동차보험					
	유류비					
	특별비					
	기타					
차 량 유 지 비 소 계						
문화생활비	도서					
	공연					
	여행					
	기타					
문 화 생 활 비 소 계						
패션뷰티꾸밈비	의류					
	액세서리					
	헤어					
	뷰티					
	기타					
패 션 뷰 티 꾸 밈 비 소 계						
장보기 · 식비	대형마트					
	시장					
	인터넷 쇼핑몰					
	TV 홈쇼핑					
	외식					
장 보 기 · 식 비 소 계						

11 NOVEMBER

항목		내용	사용처	날짜	금액	결제방식
유흥비	가족 모임					
	지인 모임					
	기타					
유 흥 비 소 계						
부모님 봉양비	용돈					
	물품					
	의료					
	기타					
부 모 님 봉 양 비 소 계						
자녀 양육비	용돈					
	교재비					
	교육비					
	기타					
자 녀 양 육 비 소 계						
기타 활동비	종교생활					
	경조사비					
	기부금					
	선물					
	기타					
기 타 활 동 비 소 계						
장기 할부	가전·가구					
	패션·뷰티					
	건강보조용품					
	주방생활용품					
	기타					
장 기 할 부 소 계						

■ 한눈에 보는 2016년 11월 우리 집 수입과 지출

	항목	내용	수입원	날짜	금액	비고
수입	근로소득					
	자산운용소득 (이자·배당)					
	임대소득					
	기타소득					
	수 입 합 계					

	항목	내용	운용처	날짜	금액	비고
재테크	부동산					
	저축					
	투자성 상품					
	저축성 보험					
	기타					
	재 테 크 합 계					

	항목	내용	납부처	날짜	금액	비고
세금	세금1					
	세금2					
	세금3					
	세금4					
	세금5					
	세 금 합 계					

MEMO

NOVEMBER

Sunday	Monday	Tuesday	Wednesday
4	5	6	7 대설
11	12	13	14
18	19 음 11.21	20	21 동지
25 성탄절	26	27	28

<table>
<tr><th>Thursday</th><th>Friday</th><th>Saturday</th><th>DECEMBER</th></tr>
<tr><td>1</td><td>2</td><td>3</td><td rowspan="2">12
2016</td></tr>
<tr><td>8</td><td>9 음 11.11</td><td>10</td></tr>
<tr><td>15</td><td>16</td><td>17</td><td></td></tr>
<tr><td>22</td><td>23</td><td>24</td><td>November
11</td></tr>
<tr><td>29 음 12.1</td><td>30</td><td>31</td><td>January
1</td></tr>
</table>

November

Su	Mo	Tu	We	Th	Fr	Sa
		1	2	3	4	5
6	7	8	9	10	11	12
13	14	15	16	17	18	19
20	21	22	23	24	25	26
27	28	29	30			

January

Su	Mo	Tu	We	Th	Fr	Sa
1	2	3	4	5	6	7
8	9	10	11	12	13	14
15	16	17	18	19	20	21
22	23	24	25	26	27	28
29	30	31				

월세 세액공제
집주인 눈치 보지 말고 돌려받자

월세를 내는 세입자라면 월세 세액공제도 놓치면 안 되는 항목이죠. 무주택 세대 주로 총 급여 7000만 원 이하인 경우 연 750만 원 한도 내에서 11.1% 세액공제가 가능해요. 약 한 달치 월세를 돌려받을 수 있는 셈이죠. 단, 계약자의 주소지와 주민등록등본 상의 주소가 같아야 하므로 필수적으로 전입신고를 해야 해요.

　　세액공제를 받으려면 주민등록등본, 임대차계약서(월세계약서) 사본, 월세를 이체한 계좌이체 확인서(또는 무통장 입금증) 등의 증빙 자료를 세무서에 제출하거나 국세청 홈페이지(www.hometax.go.kr)를 이용하면 돼요. 집주인의 동의가 없어도 임대차계약서와 월세 납입 증명만으로 세액공제가 가능하지만, 집주인과 마찰이 우려된다면 경정청구 기한을 활용하세요. 이사하여 전입신고를 한 날부터 3년에서 유예기간을 포함, 5년까지 경정청구 기간이 확대되었으므로 월세 계약 만료 시 다른 집으로 이사한 직후 세액공제를 신청하면 집주인 눈치 볼 필요가 전혀 없어요.

12	01		목요일	02		금요일	03		토요일
수입	내용	금액		내용	금액		내용	금액	
	들어온 돈 총액			들어온 돈 총액			들어온 돈 총액		

■ 현금 사용   ■ 카드 사용

지출	내용	금액		내용	금액		내용	금액	
	카드 사용 총액			카드 사용 총액			카드 사용 총액		
	현금 사용 총액			현금 사용 총액			현금 사용 총액		
	나간 돈 총액			나간 돈 총액			나간 돈 총액		

Weekly Total

12월 첫째 주 결산 내용

이번 주 지출 내역

고정지출

주택관련비

공과금

보험료

세금

통신비

변동지출

교육비

의류비

의료비

주식비

외식비

유흥비

꾸밈비

건강관리비

문화생활비

교통비

차량유지비

기타

이번 주 재테크

저축

투자

연금

보험

수입 합계

지출 합계

카드 합계

현금 합계

04	일요일	05	월요일	06	화요일	07	대설 수요일

수입	내용	금액	내용	금액	내용	금액	내용	금액

들어온 돈 총액 / 들어온 돈 총액 / 들어온 돈 총액 / 들어온 돈 총액

■ 현금 사용   ■ 카드 사용

지출	내용	금액	내용	금액	내용	금액	내용	금액

카드 사용 총액 / 카드 사용 총액 / 카드 사용 총액 / 카드 사용 총액

현금 사용 총액 / 현금 사용 총액 / 현금 사용 총액 / 현금 사용 총액

나간 돈 총액 / 나간 돈 총액 / 나간 돈 총액 / 나간 돈 총액

08	목요일	**09**	음 11.11 금요일	**10**	토요일
내용	금액	내용	금액	내용	금액
들어온 돈 총액		들어온 돈 총액		들어온 돈 총액	

■ 현금 사용 ■ 카드 사용

내용	금액	내용	금액	내용	금액
카드 사용 총액		카드 사용 총액		카드 사용 총액	
현금 사용 총액		현금 사용 총액		현금 사용 총액	
나간 돈 총액		나간 돈 총액		나간 돈 총액	

Weekly Total

12월 둘째 주 결산 내용

이번 주 지출 내역

고정지출

주택관련비

공과금

보험료

세금

통신비

변동지출

교육비

의류비

의료비

주식비

외식비

유흥비

꾸밈비

건강관리비

문화생활비

교통비

차량유지비

기타

이번 주 재테크

저축

투자

연금

보험

수입 합계

지출 합계

카드 합계

현금 합계

11	일요일	12	월요일	13	화요일	14	수요일

수입	내용	금액	내용	금액	내용	금액	내용	금액

들어온 돈 총액 / 들어온 돈 총액 / 들어온 돈 총액 / 들어온 돈 총액

■ 현금 사용 ■ 카드 사용

지출	내용	금액	내용	금액	내용	금액	내용	금액

카드 사용 총액 / 카드 사용 총액 / 카드 사용 총액 / 카드 사용 총액

현금 사용 총액 / 현금 사용 총액 / 현금 사용 총액 / 현금 사용 총액

나간 돈 총액 / 나간 돈 총액 / 나간 돈 총액 / 나간 돈 총액

15	목요일	16	금요일	17	토요일
내용	금액	내용	금액	내용	금액

들어온 돈 총액 | | 들어온 돈 총액 | | 들어온 돈 총액 |

■ 현금 사용　■ 카드 사용

내용	금액	내용	금액	내용	금액

카드 사용 총액 | | 카드 사용 총액 | | 카드 사용 총액 |

현금 사용 총액 | | 현금 사용 총액 | | 현금 사용 총액 |

나간 돈 총액 | | 나간 돈 총액 | | 나간 돈 총액 |

Weekly Total

12월 셋째 주 결산 내용

이번 주 지출 내역

고정지출

주택관련비

공과금

보험료

세금

통신비

변동지출

교육비

의류비

의료비

주식비

외식비

유흥비

꾸밈비

건강관리비

문화생활비

교통비

차량유지비

기타

이번 주 재테크

저축

투자

연금

보험

수입 합계

지출 합계

카드 합계

현금 합계

12 DECEMBER

18		일요일	19	㈜ 11.21 월요일	20		화요일	21	동지 수요일

수입	내용	금액	내용	금액	내용	금액	내용	금액

들어온 돈 총액 · 들어온 돈 총액 · 들어온 돈 총액 · 들어온 돈 총액

■ 현금 사용 ■ 카드 사용

지출	내용	금액	내용	금액	내용	금액	내용	금액

카드 사용 총액 · 카드 사용 총액 · 카드 사용 총액 · 카드 사용 총액

현금 사용 총액 · 현금 사용 총액 · 현금 사용 총액 · 현금 사용 총액

나간 돈 총액 · 나간 돈 총액 · 나간 돈 총액 · 나간 돈 총액

22		목요일	23		금요일	24		토요일
내용	금액		내용	금액		내용	금액	
들어온 돈 총액			들어온 돈 총액			들어온 돈 총액		

■ 현금 사용　■ 카드 사용

내용	금액		내용	금액		내용	금액	
카드 사용 총액			카드 사용 총액			카드 사용 총액		
현금 사용 총액			현금 사용 총액			현금 사용 총액		
나간 돈 총액			나간 돈 총액			나간 돈 총액		

12월 넷째 주 결산 내용

이번 주 지출 내역

고정지출

주택관련비	
공과금	
보험료	
세금	
통신비	

변동지출

교육비	
의류비	
의료비	
주식비	
외식비	
유흥비	
꾸밈비	
건강관리비	
문화생활비	
교통비	
차량유지비	
기타	

이번 주 재테크

저축	
투자	
연금	
보험	

수입 합계

지출 합계

카드 합계	
현금 합계	

12 **25** 성탄절 일요일		**26** 월요일		**27** 화요일		**28** 수요일	
수입 내용	금액	내용	금액	내용	금액	내용	금액
들어온 돈 총액		들어온 돈 총액		들어온 돈 총액		들어온 돈 총액	

■ 현금 사용　■ 카드 사용

지출 내용	금액	내용	금액	내용	금액	내용	금액
카드 사용 총액		카드 사용 총액		카드 사용 총액		카드 사용 총액	
현금 사용 총액		현금 사용 총액		현금 사용 총액		현금 사용 총액	
나간 돈 총액		나간 돈 총액		나간 돈 총액		나간 돈 총액	

29	음 12.1 목요일	30	금요일	31	토요일
내용	금액	내용	금액	내용	금액
들어온 돈 총액		들어온 돈 총액		들어온 돈 총액	

■ 현금 사용　■ 카드 사용

내용	금액	내용	금액	내용	금액
카드 사용 총액		카드 사용 총액		카드 사용 총액	
현금 사용 총액		현금 사용 총액		현금 사용 총액	
나간 돈 총액		나간 돈 총액		나간 돈 총액	

Weekly Total

12월 마지막 주 결산 내용

이번 주 지출 내역

고정지출

- 주택관련비
- 공과금
- 보험료
- 세금
- 통신비

변동지출

- 교육비
- 의류비
- 의료비
- 주식비
- 외식비
- 유흥비
- 꾸밈비
- 건강관리비
- 문화생활비
- 교통비
- 차량유지비
- 기타

이번 주 재테크

- 저축
- 투자
- 연금
- 보험

수입 합계

지출 합계

- 카드 합계
- 현금 합계

12	항목	내용	사용처	날짜	금액	결제방식
주택관련비	주거비(월세)					
	대출(이자1)					
	대출(이자2)					
	주 택 관 련 비 　소 계					
공과금	관리비					
	가스					
	전기					
	수도					
	공 과 금 　소 계					
통신비	휴대폰					
	인터넷					
	TV 통신망					
	집전화					
	통 신 비 　소 계					
보장성보험료	암보험					
	의료실비보험					
	종신보험					
	주택화재보험					
	기타					
	보 장 성 　보 험 료 　소 계					
건강관리비	병원비					
	약재비					
	건강보조제 구입					
	헬스이용권					
	기타					
	건 강 관 리 비 　소 계					

■ 한눈에 보는 2016년 12월 우리 집 수입과 지출

항목		내용	사용처	날짜	금액	결제방식
교통비	버스 · 지하철					
	택시					
	기타					
교 통 비 소 계						
차량유지비	자동차보험					
	유류비					
	특별비					
	기타					
차 량 유 지 비 소 계						
문화생활비	도서					
	공연					
	여행					
	기타					
문 화 생 활 비 소 계						
패션뷰티꾸밈비	의류					
	액세서리					
	헤어					
	뷰티					
	기타					
패 션 뷰 티 꾸 밈 비 소 계						
장보기 · 식비	대형마트					
	시장					
	인터넷 쇼핑몰					
	TV 홈쇼핑					
	외식					
장 보 기 · 식 비 소 계						

항목		내용	사용처	날짜	금액	결제방식
유흥비	가족 모임					
	지인 모임					
	기타					
유 흥 비　소 계						
부모님 봉양비	용돈					
	물품					
	의료					
	기타					
부 모 님　봉 양 비　소 계						
자녀 양육비	용돈					
	교재비					
	교육비					
	기타					
자 녀 양 육 비　소 계						
기타 활동비	종교생활					
	경조사비					
	기부금					
	선물					
	기타					
기 타　활 동 비　소 계						
장기 할부	가전 · 가구					
	패션 · 뷰티					
	건강보조용품					
	주방생활용품					
	기타					
장 기　할 부　소 계						

■ 한눈에 보는 2016년 12월 우리 집 수입과 지출

	항목	내용	수입원	날짜	금액	비고
수입	근로소득					
	자산운용소득 (이자 · 배당)					
	임대소득					
	기타소득					
				수 입 합 계		

	항목	내용	운용처	날짜	금액	비고
재테크	부동산					
	저축					
	투자성 상품					
	저축성 보험					
	기타					
				재 테 크 합 계		

	항목	내용	납부처	날짜	금액	비고
세금	세금1					
	세금2					
	세금3					
	세금4					
	세금5					
				세 금 합 계		

4분기 지출 총계				4분기 평가
4분기 수입 총계				
4분기 재테크 총계				
4분기 세금 총계				
4분기 경제 환경	금리 :	종합주가지수 :	환율 :	
4분기 타임캡슐 평가				

4 분 기 결 산 표

12 DECEMBER

항목	1월	2월	3월	4월	5월	6월
주택관련비						
공과금						
통신비						
보장성 보험료						
건강관리비						
교통비						
차량유지비						
패션뷰티 꾸밈비						
장보기·식비						
유흥비						
부모님 봉양비						
자녀양육비						
기타 활동비						
장기 할부금						
합계						
⊕ 또는 ⊖						
근로소득						
자산운용소득						
임대소득						
기타소득						
합계						
⊕ 또는 ⊖						
부동산						
저축						
투자성 상품						
저축성 보험						
기타						
합계						
⊕ 또는 ⊖						
비고						

세로 제목: 2016 연간·지출 통계 / 수입 통계 / 재테크 통계

■ 한눈에 보는 2016년 우리 집 연간 살림 결산

7월	8월	9월	10월	11월	12월	연간 합산 내역
						연간 합산 내역

■ 한눈에 보는 2016년 우리 집 연간 세금 결산

월	내용	합산 내역
1월		
2월		
3월		
4월		
5월		
6월		
7월		
8월		
9월		
10월		
11월		
12월		

Winter

소고기 시래깃국

● 재료

□ 데친 시래기 300g
□ 소고기(국거리용) 150g
□ 콩나물 100g
□ 대파 1대
□ 청양고추 1~2개

● 양념

□ 된장 2~3큰술
□ 다진 마늘 1/2큰술
□ 멸치 다시마물 1컵
□ 물 5컵

1 키친타월로 소고기의 핏물을 닦은 뒤 결 반대로 먹기 좋게 자른다.

2 시래기는 데친 뒤 물기를 꼭 짜 먹기 좋게 송송 썬다.
   콩나물은 깨끗하게 씻어 체에 담아 물기를 뺀다.

3 냄비에 시래기, 소고기, 된장 1~2큰술, 다진 마늘을 넣고 조물조물
   무친다. 멸치 다시마물 1컵을 넣고 끓인다.

4 소고기가 익으면 물 5컵을 붓고 시래기가 부드러워지도록 푹 끓인다.
   된장 1~2큰술을 더 풀어 간을 맞춘다.

5 콩나물을 넣고 10분 정도 더 끓인 후
   대파와 청양고추를 송송 썰어 넣고 한 번 더 끓인다.

"겨울철에는 해조류를 많이 먹게 됩니다. 이 계절에 시장이나 마트에 가면 매생이를 꼭 보게 되는데,
매생이 손질과 조리법을 잘 모른다면 싱싱한 굴을 넣고 맑게 국을 끓여보세요."

매생이 굴국

● 재료

□ 매생이 120g
□ 굴 150g
□ 대파 1/2대

● 양념

□ 다진 마늘 1/2큰술
□ 멸치 다시마물 4컵
□ 참기름 1작은술
□ 국간장 1큰술
□ 소금 1/4작은술

1 넓은 그릇에 매생이와 굵은 소금을 넣고 바락바락 주물러 씻는다.
   물로 헹군 뒤 체에 담고, 그대로 흐르는 물로 여러 번 씻어 물기를 뺀다.

2 굴은 소금물로 깨끗하게 씻어 채반에 담아 물기를 뺀다.
   대파는 송송 썰고 멸치 다시마물을 준비한다.

3 냄비에 참기름을 두르고 매생이를 볶는다. 멸치 다시마물을 붓고 끓인다.

4 팔팔 끓으면 다진 마늘을 넣고 떡국용 떡이 있다면 이때 넣는다.

5 굴이 익을 정도로 끓으면 대파를 넣고 국간장과 소금으로 간을 맞춘다.

파래 무채무침

● 재료

□ 파래 90g
□ 무 120g

● 양념

□ 다진 마늘 1작은술
□ 송송 썬 쪽파 1큰술
□ 소금 1작은술
□ 설탕 1/2큰술
□ 식초 1.5큰술
□ 참깨 1/2 큰술
□ 연겨자 또는 고추냉이 1/4작은술

1 파래에 소금을 뿌려 바락바락 주무른 후 처음 씻을 때에는
   물 속에서 잡티를 골라내며 충분하게 헹궈 체에 담는다.
   체에 담아 흐르는 물로 3번 정도 더 씻고, 물기를 꼭 짠다.

2 무는 3~4cm 길이로 곱게 채를 썬다.
   나중에 파란 잎을 마저 넣고 살짝 데친다.

3 분량대로 양념장을 만든다.

4 볼에 채 썬 무와 양념장을 담고 조물조물 무친다.
   무가 숨이 죽어 물이 생기면 손질한 파래를 적당하게 잘라 넣고 무친다.
   마지막에 참깨를 넣고 살살 버무린다.

"겨울에 즐겨 먹을 수 있는 톳나물은 미네랄이 풍부합니다.
씹는 맛이 좋은 톳에 고소한 양념과 두부를 넣고 버무리면 겨울철 단골 반찬이 됩니다."

톳나물 두부무침

● **재료**

☐ 톳 200g
☐ 두부 1/4모(작은 크기 각 두부 1모)

● **양념**

☐ 다진 파 1큰술
☐ 국간장 1/2작은술
☐ 소금 2~3꼬집
☐ 참깨 1큰술
☐ 참기름 1/2큰술

1 톳은 끓는 물에 파랗게 데친 뒤 찬물로 헹군다.
　물기를 제거해 먹기 좋은 크기로 자른다.

2 두부는 고운 체에 담아 숟가락으로 으깨면서 물기를 뺀다.
　그릇에 으깬 두부를 담고 전자레인지에서 1~2분 정도 익힌다.

3 볼에 톳, 으깬 두부, 양념을 넣고 조물조물 버무린다.
　이때 부족한 간은 소금이나 국간장으로 조절한다.

굴무침

● **재료**

☐ 굴 400g
☐ 무 50g　☐ 배 50g
☐ 밤 1개
☐ 대파 1/4대

● **양념**

☐ 액젓 1큰술
☐ 향신즙 1큰술
☐ 고춧가루 1/3컵
☐ 다진 마늘 1/2큰술
☐ 소금 1큰술

1　굴은 하나씩 손으로 만지면서 껍질이 있으면 뗀다. 천일염을 뿌린 다음 물을 약간 넣고 조물조물 주물러 씻은 뒤 여러 번 헹군다.

2　헹군 후 물기를 뺀 굴에 액젓, 향신즙, 소금을 분량대로 넣고 30분 정도 절인다. 이때 향신즙 대신 무, 배, 양파, 생강을 곱게 갈아 넣어도 된다.

3　밤과 파는 채를 썰고, 무와 배는 사방 1.5cm 크기로 납작하게 썬다.

4　양념에 절인 굴은 채반에 담아 물기를 빼는데, 받쳐 나온 국물은 버리지 않는다. 이 국물에 고춧가루, 다진 마늘을 넣고 양념장을 만든다.

5　볼에 준비한 채소와 양념장을 넣고 버무린다. 마지막에 굴을 넣고 살살 버무리면서 부족한 간은 소금과 액젓으로 맞추고 참깨를 솔솔 뿌린다.

생미역 오이무침

● 재료

□ 생미역 300g
□ 오이 1개
□ 붉은 고추 1개

● 양념

□ 매실청 2큰술
□ 식초 1큰술
□ 다진 마늘 1/2큰술
□ 소금 1/2작은술
□ 참기름 1작은술
□ 참깨 1/2큰술

1 미역은 끓는 물에 넣고 파랗게 데친 뒤 헹군다.
  물기를 꼭 짠 다음 3㎝ 길이로 자른다.

2 오이는 동그랗고 얇게 썰어 소금에 20분 정도 절인 뒤 물기를 꼭 짠다.

3 붉은 고추는 씨를 제거한 후 곱게 다진다.

4 볼에 참기름과 참깨를 뺀 나머지 양념을 분량대로 넣고 무침장을 만든다.
  매실청과 식초의 비율이 2:1이니 기호에 따라 그 양을 조절해도 좋다.

5 볼에 생미역, 붉은 고추, 오이, 무침장을 담고 조물조물 무친다.
  마지막에 참기름, 참깨를 넣고 가볍게 버무린다.

겨울 김장 김치

● 재료
- □ 절임 배추 20kg
- □ 무 2kg(중간 크기 2개)
- □ 쪽파 500g(1/2단)
- □ 붉은 갓 300g(1/2단) – 생략 가능
- □ 미나리 200g(1/2단) – 생략 가능
- □ 대파 4대

● 김치 밑국물
- □ 양파 2개
- □ 배 1개
- □ 생강 50g
- □ 멸치 북어육수 2컵

● 김치 양념
- □ 고춧가루 7~8컵(1kg 정도)
- □ 다진 마늘 2컵
- □ 찹쌀풀 5컵(물 5컵 + 찹쌀가루 1컵)
- □ 생새우 1kg
- □ 멸치액젓 3컵
- □ 새우젓 1컵
- □ 매실액 1/2컵
- □ 홍시 4개(중간 크기)
- □ 소금 약간

1 마른 멸치 반 줌, 북어 대가리 1~2개, 다시마 5㎝ 길이 3장을 준비한다.
　깊고 넓은 냄비에 준비한 재료와 물 5컵을 붓고 팔팔 끓인 뒤 약한 불에서 뭉근히 끓인다.
2 생강, 양파, 배를 갈기 좋게 썰어 믹서기에 멸치 북어육수와 함께 넣고 곱게 간다.

3 절임배추는 물기를 빼고, 무는 채를 썬다. 갓, 쪽파, 미나리는 무와 비슷한 크기로 썰고, 대파는 어슷하게 썬다.

4 생새우는 깨끗하게 살살 씻어 물기를 뺀 다음 믹서에 넣고 간다. 찹쌀풀도 준비한다.

- 액젓과 고춧가루는 조금 남겼다가 맛을 보면서 조절한다.
- 매실액의 양을 줄이기 위해 홍시 4개를 넣는다.
- 찹쌀풀은 찰밥(찹쌀 2컵 정도)에 물을 넣고 곱게 갈아 5컵을 준비해도 된다.

5 생새우는 깨끗하게 살살 씻어 물기를 뺀 다음 믹서에 넣고 간다. 새우젓도 간다.

6 빠진 재료가 없는지 점검한다. 넓은 볼에 김치 밑국물과 분량대로 김치 양념을 넣고 잘 섞는다.
   이때 홍시는 껍질을 벗기고, 씨를 제거해서 사용하고 고춧가루를 농도를 맞추면서 넣는다.

7 식탁 위나 바닥에 넓은 김장용 비닐을 깐다. 준비한 배추와 무채를 놓는다.

8 먼저 김칫소를 만든다. 고춧가루 1컵과 무채를 물을 들인 다음 준비한 양념장과 나머지 채소를 넣고 버무린다.
   이때 부족한 간은 액젓이나 소금으로 조절한다.

9 김치 한쪽씩 양념으로 버무리는데 줄기 쪽에 김칫소를 넣고 잎 쪽은 양념만 살짝 바른 후 겉잎으로 김치를 감싼다.

- 깨끗하게 씻어 물기를 닦은 김치통에 공기가 들어가지 않도록 차곡차곡 꼭꼭 눌러 담는다.
- 오래 두고 먹을 김치에는 양념을 많이 바르지 않고 가장 아래쪽에 담는다.
  그래야 위쪽 김치의 양념이 흘러내려 골고루 맛있는 김치를 먹을 수 있다.

등갈비 김치찜

"정육점을 갈 때마다 돼지 등갈비를 보면 망설여지게 됩니다. 무척 손이 많이 갈 것 같기도 하고
어떤 양념으로 무엇을 만들어야 할지 선뜻 생각이 나지 않을 때가 종종 있습니다.
그럴 때 잘 익은 김장 김치를 활용하세요. 상상 이상으로 맛있고 푸짐한 반찬이 됩니다."

● 재료

□ 김치 1kg　□ 등갈비 600g　□ 생강 1쪽　□ 맛술 2큰술　□ 대파 뿌리 2개

● 등갈비 양념

□ 다진 마늘 1큰술　□ 고춧가루 1큰술　□ 김칫국물 1/2컵
□ 참기름(또는 들기름) 1큰술　□ 맛술 1큰술

● 국물 양념

□ 멸치 다시마물 5~6컵　□ 설탕 1작은술

1 등갈비는 먹기 좋게 잘라 깨끗하게 씻는다.

　깊고 넓은 냄비에 등갈비가 잠길 정도의 물을 넉넉히 붓는다.

2 생강, 맛술, 대파 뿌리를 넣고 팔팔 끓인 뒤 손질한 등갈비를 넣고 데친다.

3 데친 등갈비에 등갈비 양념을 분량대로 넣고 버무린다.

4 잘 익은 김장 김치를 송송 썰어 전골 냄비에 식용유 또는 들기름 1큰술을 두르고 충분히 볶는다.

5 양념한 등갈비를 김치 위에 담는다.

6 멸치 다시마물을 붓고 뚜껑을 덮어 은근한 불에서 1시간 정도 푹 끓인다.

7 등갈비 김치찜을 끓이는 중간에 설탕을 넣는다.

　이때 설탕을 약간 넣으면 국물의 신맛과 씁쓸한 맛이 중화되어 한결 부드럽고 맛있어진다.

　부족한 간은 소금으로 하고, 기호에 따라 청양고추나 매운 고춧가루, 후추를 첨가해도 된다.

겨울철 쾌적한 환경 만들기

미션 1   공기 오염의 원인, 먼지를 제거하라

겨울은 옷도 이불도 두꺼워지기 때문에 실내에 먼지가 더 많을 수밖에 없습니다. 날씨가 추워서 환기
시키기도 쉽지 않은 계절에 진공청소기를 잘못 사용하면 오히려 공기가 더 오염될 수도 있다는 사실
을 알고 있나요? 청소기는 먼지를 흡입하는 동시에 뒤로 미세 먼지를 방출하는 구조로 되어 있습니
다. 청소기를 구입할 때 꼼꼼히 따져봐야 할 내용입니다. 창문을 열 수 없다면 청소기 사용은 자제하
고 차라리 극세사 밀대로 닦거나, 청소기 뒤로 배출되는 미세 먼지를 줄이기 위해 물에 적셔 꼭 짠 밀
대 걸레로 먼저 바닥을 밀어내듯 가볍게 닦은 후 미세 먼지들이 뭉치게 해준 다음 청소기를 돌려주는
것도 좋은 방법입니다.

미션 2   겨울철 환기법

겨울에는 창문을 열어 환기시키는 것이 쉽지 않아요. 특히 어린아이나 노약자가 집에 있을 경우는 더
더욱 힘들죠. 하지만 환기가 안 돼 실내 공기가 오염되면 건강과 직결되므로 조금 춥더라도 결코 환기
에 소홀해서는 안 됩니다.

- 오전 10시~오후 4시 사이 한 번에 5~10분 정도 하루 두 차례
  마주보는 창문을 함께 열어 환기시키는 것이 가장 좋다.
- 너무 추워 창문을 몽땅 열고 환기를 시킬 수 없다면 방을 하나씩 돌아가면서 하는 것도 방법이다.
- 방 하나에 사람이 거처하면서 나머지 방과 거실을 환기시켜 주고 끝나면 나머지 방을 하는 방법이다.
- 외출 시에 창문을 조금씩 열어놓고 나간다.
  나갔다 오면 썰렁하긴 하지만 사람이 있을 때 하는 것보다 좋은 방법일 수도 있다.

미션 3   겨울철 침구류 관리법

밤새 덮던 이불을 아침에 일어나자마자 접어서 이불장에 넣는 것은 냄새나 위생 차원에서 좋지 않은 방

법입니다. 이불 정리는 일어난 후 곧바로 하지 마세요! 매트리스나 요에 상체가 닿았던 부분은 땀으로 인해 눅눅할 수 있으므로 이불을 뒤집어놓은 상태로 몇 시간 두었다가 침구 정리를 해주어야 보송보송하게 사용할 수 있어요.

■ 침구를 털어주거나 건조대 등에 걸쳐놓고 방망이 등으로 두들겨준다.
　이렇게 두들겨 털어주는 것만으로 집먼지진드기의 상당 부분이 없어질 수 있다고 한다.

■ 침구 청소기로 먼지를 자주 제거한다.

■ 햇볕에 자주 널어준다.

■ 아주 추운 날 밖에 내다 널어주는 방법도 있다.

카펫 청소

● 준비물 : 천일염 또는 베이킹소다, 침구용 청소기, 마스크
● 소요시간 : 10분 정도

1 굵은 소금이나 베이킹소다를 카펫 위에 골고루 뿌린다.
2 장갑을 낀 손으로 소금을 문질러서 먼지를 흡착시킨 뒤 청소기를 돌린다.

카펫 세탁

● 준비물 : 울샴푸 또는 가정용 드라이 세제, 고무장갑, 부드러운 솔
● 소요시간 : 1시간 정도(불리는 시간 포함)

오염이 심한 카펫에 피부가 닿는다고 생각해 보면 눈에 보이지 않는 오염이 더 문제죠. 특히 아이가 있는 집은 정말 상상하기 싫을 것입니다. 세탁기 사용이 안 되는 카펫이나 세탁을 자주할 수 없는 카펫 세탁의 비법은 결심과 약간의 수고! 집에서 울샴푸나 드라이 세제를 이용해 살살 세탁해 보세요. 조금만 수고한다면 세탁소에 알 수 없는 화학 성분 가득한 기름으로 드라이클리닝한 것보다 훨씬 깨끗한 카펫이 될 수 있습니다.

1 최대한 먼지를 제거한 후 세탁을 해야 한다.
　먼지가 붙은 채로 세탁을 하면 먼지가 뒤엉켜서 카펫에 뭉친채로 남게 된다.
　그럴 때에는 롤링 클리너 또는 침구 청소기로 먼저 청소를 해준다.
2 욕조나 커다란 대야에 미지근한 물을 받아 울샴푸를 적당량 넣고 푼다(울샴푸의 용량은 제품 사용법 참조).
3 카펫을 넣고 10분 정도 불린 뒤 밟아서 때를 뺀다. 불리는 시간은 묵은 때의 오염 정도에 따라 조절한다.
　발로 밟아서 세탁하기 싫을 경우 고무장갑을 끼고 부드러운 솔로 살살 문질러 세탁한다.
4 때가 적당히 빠지면 물을 틀어놓고 계속 밟아준다.
　물을 살짝 틀어놓으면 오염된 물을 조금씩 흐르게 할 수 있다. 거품이나 비눗물과 함께 먼지 등의
　이물질도 함께 흘러나가기 때문에 깨끗이 헹구는 데 도움이 된다.

5 욕조나 세면대 등에 걸쳐서 뚝뚝 떨어지는 물을 빠지게 한 뒤
   세탁기에 넣고 탈수 – 헹굼 과정으로 세탁을 한다.

6 모든 세탁물의 경우 건조 시간이 길어지면 냄새가 날 수 있다.
   바람이 잘 통하는 곳에 널어두거나 날씨가 너무 추워 잘 마르지 않는다면
   제습기를 여름에만 사용하라는 법은 없으니 방 하나에 제습기를 켜놓고 널어주는 것도 방법이다.

이불 커버 세탁

● 준비물 : 세탁용 전용 세제, 세탁망
● 소요시간 : 10~20분(손질시간 기준)

솜이 들어간 차렵이불이나 극세사 이불과 다르게 얇은 면 소재의 이불 커버는 세탁 후 손질을 제대로
하지 않으면 다림질이 필요한 상태가 되어 번거롭습니다.

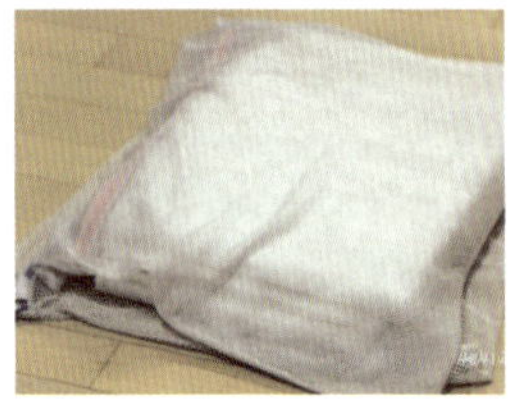 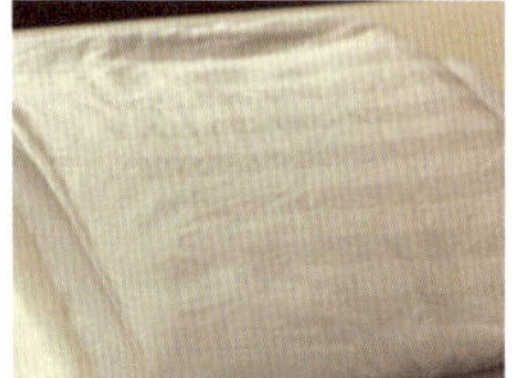  

1 세탁망에 넣어 세탁을 한다. 발로 밟아서 빨아도 되고, 세탁기로 빨아도 좋다.

2 세탁이 끝나면 손으로 잘 잡아당겨 각이 잡히게 잘 접는다.

3 발로 밟아서 주름을 펴는데, 이불 커버를 바로 밟는 것보다 세탁망을 하나 덮어놓고 밟는 게 좋다.
   이때 양말이 젖을 수 있지만 씻었다 하더라도 맨발로 밟는 것보다 위생적이다.

4 주름이 펴진 이불 커버를 넓은 빨래 건조대에 널어준다. 폭이 넓어 주름이 생기는 부분은 어쩔 수 없다.

5 적당히 마르면 다리미나 스티머 등의 스팀으로 주름을 편다.

6 살짝 생기는 주름은 사용하다 보면 자연스레 펴지므로 그대로 써도 무방하다.

미션 4 겨울철 면역력 온 팁

겨울에는 실내 공기는 물론, 몸도 함께 건조해지는 계
절입니다. 이럴 때 신선한 재료로 절임을 만들어두고
수시로 차로 마시면 감기 예방과 수분 보충에 도움이
됩니다. 겨울철 떨어진 면역력을 높여주는 차에는 어떤
것이 있을까요?

레몬생강차

- 준비물 : 레몬 500g, 생강 500g, 설탕 또는 꿀 1kg, 굵은 소금, 유리병
- 소요시간 : 1시간 이내

레몬차도 좋고 생강차도 좋지만 레몬과 생강을 함께 넣고 청을 만들어 두면 생강의 매운맛과 레몬의 신맛이 조화를 이루어 아이도 어른도 마시기 좋은 차가 됩니다. 레몬과 생강의 양은 각각 1:1의 비율이 적당하지만, 레몬과 생강은 취향에 따라 그 비율을 조절하세요.

1 레몬은 베이킹소다나 굵은 소금을 이용해 껍질을 문질러 깨끗이 씻는다.
  생강은 흙을 깨끗이 씻은 다음 껍질을 제거하고, 헹군 후 물기를 말린다.

2 씻은 레몬은 반을 잘라 씨를 완전히 제거한다. 씨를 제거하지 않으면 쓴맛이 강해진다.

3 레몬을 얇게 썰고, 생강은 얇게 썰거나 곱게 채를 썬다.

4 보관용기는 유리병이 가장 좋은데 사용하기 전에 열탕소독을 하면 더 위생적으로 보관할 수 있다.

5 레몬과 생강을 합한 무게와 동량의 꿀이나 설탕을 준비한다. 설탕과 레몬, 생강은 처음부터
  병에 켜켜이 담는 것보다 볼에 넣고 섞은 다음 설탕이 녹으면 병에 담는 것이 좋다.
  냉장고에서 일주일 정도 숙성한 후 따뜻하게 타서 마신다.

유자차

- 준비물 : 유자 1kg, 설탕 또는 꿀 1kg, 굵은 소금, 유리병
- 소요시간 : 1시간 이내

겨울이 되면 유자차를 즐겨먹는 사람이 많죠. 이 시기에는 시판 유자차의 판매량도 증가한다고 해요. 유자차는 겨울에도 좋지만 여름철에 시원하게 타서 얼음을 넣고 먹어도 좋아요. 유자차 1잔에 레몬 생즙 1/2개 분량을 짜서 넣고 마시면 피로회복과 면역력 증강에 더욱 좋아요.

1 유자는 베이킹소다나 굵은 소금을 이용해 껍질을 문질러 깨끗이 씻는다.

2 씻은 유자는 반을 잘라 씨를 뺀다. 씨를 제거하지 않으면 쓴맛이 강해진다.

3 유자는 얇게 썰거나 곱게 채를 썬다.

4 보관용기는 사용하기 전에 뜨거운 물로 소독한 뒤 식힌다.

5 볼에 유자, 꿀 또는 설탕을 넣고 잘 섞은 후 소독한 유리병 속에 담는다.

자몽차

- 준비물 : 자몽 1kg, 설탕 또는 꿀 1kg, 굵은 소금, 유리병
- 소요시간 : 1시간 이내

자몽차는 여름엔 탄산수와 함께 시원하게 마시면 좋고, 겨울엔 따뜻하게 마시기에 참 좋아요. 또 변비가 심할 때 꾸준히 섭취하면 쾌변에 도움이 됩니다.

1 자몽은 베이킹소다나 굵은 소금을 이용해 껍질을 문질러 헹군다.

2 씻은 자몽은 꼭지가 없는 쪽에 십자 모양으로 칼집을 낸 뒤 껍을 벗긴다.
   이렇게 껍질을 벗기면 한결 수월하다.

3 껍질을 벗긴 자몽은 속껍질도 벗겨 알맹이만 준비한다.

4 보관용기는 사용하기 전에 뜨거운 물로 소독한 뒤 식힌다.

5 볼에 자몽, 꿀 또는 설탕을 넣고 잘 섞은 후 소독한 유리병 속에 담는다.

면역력을 높이는 건강한 생활 수칙

1 소화는 100% 건강한 사람이 되는 출발점입니다. 또 몸의 면역체계와 소화 및 흡수는 매우 밀접한 관계가 있습니다. 즉, 장을 건강하게 만드는 것이 면역력을 높이는 첫번째 예방법입니다. 장 속의 유익균 증식을 위해 평소 먹는 음식을 점검하고 식단을 개선합니다. 필요하다면 도움이 되는 영양 보충제의 섭취를 권합니다.

2 체중을 안정되게 관리하는 것입니다. 무리한 다이어트나 급작스런 체중 변화는 몸의 면역체계를 저하시킵니다. 다음의 내용을 확인한 후 이와 같은 징후가 생긴다면 면밀한 체중 관리가 필요하다는 신호입니다.

- 아침에 잠에서 깰 때 피곤함을 느낀다. ☐
- 달달한 커피를 마시거나 단 음식을 먹지 않고는 하루 일과를 시작하기 힘들다. ☐
- 식사 후에도 곧바로 달달한 커피나 달콤한 후식 또는 과일을 먹는다. ☐
- 오후에는 에너지가 갑자기 소진되어 몸에 힘이 없고 무기력해진다. ☐
- 오랜 시간 또는 기간 동안 피곤함을 느낀다. ☐

3 비타민 C와 항산화물질이 함유된 식품이나 영양소를 꾸준히 섭취하세요. 사실 세계적으로 장수하는 사람들의 공통적인 습관 중 하나가 바로 비타민 C와 항산화 식품을 규칙적으로 아주 많이 섭취한다는 점입니다.

4 필수지방은 면역체계의 기능이 잘 작동하도록 돕습니다. 또 통증과 염증을 억제하고 기분을 좋게 하며, 나이가 들었을 때 기억력의 손상을 막아주기도 합니다. 즉, 필수지방이 함유된 식품을 꾸준히 섭취하는 것은 몸의 면역 기능 향상에 매우 중요합니다.

5 손을 청결하게 하는 것은 면역력을 높이는 가장 기본적인 수칙입니다. 컴퓨터 자판기나 마우스, 휴대폰, 리모컨, 손잡이 등을 손과 접촉한 후에는 반드시 손을 씻도록 합니다.

13번째 월급
현명한 연말정산 전략 짜기

연말정산이란 1년 동안 '내가 낸 세금'과 '내가 냈어야 하는 세금'을 연말에 비교하여 더 많이 냈으면 돌려받고, 적게 냈다면 더 내는 것을 말해요. 연말정산을 하는 이유는 1년 동안 납부할 세금을 정확히 계산하기 위한 것인데, 직장인의 경우 매달 월급을 받을 때 회사에서 원천징수를 하여 대신 납부를 하죠. 하지만 매달 정확한 세금을 계산하기는 어려우므로 기본적인 공제사항만 대충 적용하여 세금을 납부하죠. 그래서 연말에 1년간의 총소득에 대해 다시 정확한 세금을 매겨서 1년 동안 월급에서 원천징수했던 세금과의 차액을 계산해 세금을 더 내거나 돌려받는 것이랍니다.

▌이것만은 알아야… 소득공제와 세액공제의 차이

지난해 연말정산을 소홀히 한 직장인은 그동안 13번째 월급으로 불리던 연말정산의 혜택은커녕 알토란같은 돈을 오히려 토해내야 했죠. 13번째 월급이 13번째 폭탄이 되지 않으려면 지금부터라도 차근차근 준비를 시작해야 해요.

현명한 연말정산 전략은 소득공제 및 세액공제를 100% 활용하여 세금을 줄이는 것입니다. 내가 가입한 금융상품을 점검해 보고 추가로 불입하거나 기부금 영수증을 만드는 등 나만의 특별한 연말정산 전략을 짜보세요.

> 소득공제 받을 수 있는 금융상품 점검 → 연말정산 자동계산 시뮬레이션 →
>
> 금융상품 추가 납입 또는 가입 → 연말정산 서류 준비

매년 국세청에서 제공하는 연말정산 간소화 서비스 www.yesone.go.kr를 이용하면 소득공제에 필요한 자료를 한꺼번에 출력할 수 있어 편리해요. 하지만 연말정산 간소화 서비스에서 조회되지 않는 자료도 있으므로 이런 경우 번거롭지만 해당 영수증 발급기관에서 따로 영수증 또는 필요한 서

류를 챙겨야 해요.

또 소득공제나 세액공제의 적용이 근로자마다 다르므로 본인에게 해당하는지 여부를 꼼꼼히 챙겨야 해요. 소득공제는 과세 대상이 되는 소득 중 일정 금액을 공제하는 것으로 납입해야 할 세금은 '과세 소득－소득공제×소득세율 6~38%'로 계산하죠.

반면에 세액공제는 이미 산출된 세금에서 소득에 상관없이 항목에 따라 일정 비율 12~15%의 금액을 빼주는 것입니다. 같은 금액을 공제받더라도 고소득자일수록 더 많은 세금을 돌려받는 소득공제와 달리 세액공제는 소득세율과 상관없이 누구나 같은 금액을 돌려받는다는 차이가 있어요. 소득이 높을수록 세액공제보다 소득공제를 받는 것이 유리하므로 본인의 소득세율 구간을 잘 따져보고 유리한 금융상품에 가입하는 것이 절세 효과를 극대화하는 방법이에요.

2015년부터 연금저축, 퇴직연금, 보장성 보험료, 의료비, 교육비, 기부금 등 상당수의 항목이 소득공제에서 세액공제로 바뀌었으므로 변경 내용을 잘 숙지해서 연말정산을 준비하는 것이 중요해요. 소득공제를 받을 수 있는 대표적인 금융상품은 소득공제 장기펀드(최대 600만 원)와 주택청약종합저축(최대 240만 원)이고, 세액공제를 받을 수 있는 것이 퇴직연금(IRP, 최대 300만 원)과 연금저축(최대 400만 원, 퇴직연금과 합산 시 최대 700만 원 한도)이므로 자신의 경제적 여건과 상품 가입조건을 따져보고 짜임새 있게 연말정산을 준비하세요.

연말정산의 꽃, 4대 절세 상품 챙기기

연말정산의 가장 확실한 방법은 절세 상품을 챙기는 것이죠. 연말정산에 대비해 금융기관에서 가입할 수 있는 절세 상품으로는 소득공제 장기펀드(소장펀드), 연금저축, 퇴직연금, 주택청약저축이 대표적입니다.

소득공제	소득공제 장기펀드	연금저축	퇴직연금	주택청약저축
인정 한도	연 600만 원	연 400만 원	연 300만 원	연 240만 원
세제 혜택	납입액의 40% (240만 원)	지방소득세 포함 시 최대 16.5%	지방소득세 포함 시 최대 16.5%	납입액의 40% (96만 원)
공제 방식	소득공제	세액공제	세액공제	소득공제
최대 환급액	39만 6000원 (과세표준구간 1200~4600만 원)	최대 66만 원	최대 49만 5000원	25만 3000원 (연봉 7000만 원 미만)
납입기간	최소 5년 이상 (추가 5년 연장)	5년 이상 (만 55세 이후 수령)	－ (만 55세 이후 수령)	5년 이상

① 소득공제 장기펀드

소득공제 장기펀드는 올해를 끝으로 폐지될 예정인 상품으로 연 소득 5000만 원 이하인 사람만 가입이 가능하며, 불입액의 40%를 소득공제해 줍니다. 연말까지 한꺼번에 예치해도 되므로 한도 600만 원을 다 채워 예치할 경우 40%에 해당하는 환급세액 39만 6000원(환산수익률 6.6%)을 10년간 환급받고, 펀드에서 발생하는 수익까지 챙길 수 있는 일석이조의 상품이죠. 펀드에서 전혀 수익이 발생하지 않아도 연간 6.6%의 이자를 받는 셈이니 요즘 같은 저금리 시대에 장기간 연 6.6%짜리 확정금리 상품에 가입한 셈이 되죠.

가입은 2015년까지만 가능하지만 일단 가입하면 소득공제 혜택은 가입 이후 소득 증가와 상관없이 만기까지 계속되므로 서둘러 가입하는 게 유리해요. 다만 만기가 10년 이상인 장기 투자 상품으로, 최소 5년간 해지할 수 없으므로 중도에 해지해 소득공제 받은 세금을 모두 토해내는 일이 없도록 잘 따져보고 가입해야 해요.

② 연금저축

연금저축은 안정된 노후를 대비해 가입을 고려해 볼 만한 상품이죠. 연금 상품은 하루라도 빨리 가입할수록 55세 이후 받을 연금 액수가 늘어 유리하다고 볼 수 있어요. 연금저축은 운용기관에 따라 펀드, 신탁, 보험 등의 형태로 가입할 수 있어요.

총급여 5500만 원 이하 근로자는 납입액 중 연간 400만 원 범위 내에서 16.5%(지방소득세 포함)인 66만원을 환급받고, 총급여 5500만 원을 초과하면 13.2%(지방소득세 포함)인 52만 8000원을 공제받을 수 있어요. 다만 다른 투자 상품에 비해 수익률이 높지 않은 편이고, 5년 이상 돈이 묶이게 되므로 이를 충분히 고려해야 해요. 55세 이후 연금으로 수령 시에는 연령에 따라 3.3~5.5%의 연금소득세를 내야 해요.

③ 퇴직연금

연금저축이 개인이 자신의 돈을 쪼개 미래를 대비하는 개인연금의 대표 상품이라면, 퇴직연금은 회사가 직원의 퇴직금을 적립하는 상품이죠. 개인연금 상품과 퇴직연금의 세액공제 한도를 합해 700만 원을 전부 채울 경우 환급액은 115만 5000원에 달해요(연봉 5500만 원 초과는 92만 4000원).

개인·퇴직연금은 연말정산을 통해 큰돈을 환급받는다는 매력이 있지만, 연금 수급 연령인 55

세까지 장기간 자금이 묶인다는 점을 고려해야 해요. 특히 중도 해지 시 연말정산 환급액은 물론, 추가 세금까지 토해내야 하는 위험 부담이 따르므로 잘 따져보고 가입해야 해요.

우선 연말정산의 혜택을 고려해 700만 원 한도를 다 채울 경우 가입과 해지가 좀 더 수월한 개인연금에 400만 원을 넣고 나머지를 퇴직연금 상품으로 운영하기를 권해요. 또 예기치 않게 목돈이 필요해지는 상황을 대비해 한 계좌에 몰아서 운영하기보다 여러 계좌로 나누어 돈을 넣어두면 전체를 다 해지하는 위험을 줄일 수 있어요.

④ 주택청약저축

주택청약저축은 총급여 7000만 원 이하의 무주택 세대주라면 연간 납입액의 40%, 최대 96만 원까지 소득공제를 받을 수 있어요. 꼭 주택 마련 목적이 아니더라도 가입 후 2년이 지나면 시중은행의 정기예금 금리보다 높은 연 2.2%의 금리를 제공하므로 금리 측면에서도 유리해요.

미리 준비하는 2016년 연말정산 꿀팁!

2015년 세법개정안에 따르면 소비심리를 살리기 위해 소득공제를 확대했지만 추가공제를 받기 위해선 2014년 사용액의 50%를 넘어서야 하는 등 까다로운 조건을 충족해야 해요. 또 올해는 소득공제 중심의 공제체계가 과세한 세금을 직접 깎아주는 방식의 세액공제 중심으로 전환되면서 의료비, 교육비, 연금, 보장성 보험료 등의 세액공제율을 기존 12%에서 15%로 상향 적용합니다.

저축을 해서 2%도 안 되는 금리를 받는 요즘 같은 시기에 세금에서 15%를 돌려받는 것이 오히려 더 큰 저축이 될 수 있다는 얘기죠. 지금부터 미리 준비하는 꼼꼼한 연말정산으로 두둑한 보너스 주머니를 만들 수 있는 방법을 요약 정리했습니다.

- 무조건 체크카드? No! 카드 소비의 황금비율을 지키자
- 맞벌이부부는 상황에 맞게 공제를 몰아주자
- 대중교통·재래시장 이용을 늘리자
- 부모를 부양가족으로 올리자
- 안 쓰는 물품은 '아름다운 가게'에 기부하자
- 월세 세액공제, 집주인 눈치 보지 말고 돌려받자
- 의료비 영수증을 챙기자
- 지출 큰 교육비 세액공제 빠짐없이 챙기자
- 소득 없는 부모에게 현금영수증 카드를 발급해 드리자
- ISA보다 연금 세액공제한도부터 채워라

PART 3

황금알을 낳는
2016 타임 캡슐

2016년 1월 1일 새해가 되는 첫날에
이 타임캡슐을 작성하세요.

다음 페이지 오른쪽에 있는 타임캡슐 앞장에는
새해 이루고자 하는 목표를 타이틀이나 슬로건으로 정해서
꼬불이 라인 중앙에 적으면 됩니다.
또 아래쪽 꼬불이 라인에는
타임캡슐을 작성한 날짜와 시간, 자신의 이름을 적습니다.
보다 강력한 실행을 위해
나와의 약속에 대한 서명을 하는 것입니다.

그리고 뒷장에는 구체적인 내용을 적으면 됩니다.

모두 기입했다면 책의 접지에 가깝게 표기된 절취선을 따라 자르세요.
그런 다음 예쁘게 접어서 여기에 붙이세요.

2016년 12월 31일에 열어보세요.
당신이 얼마나 긍정의 변화를 이루었고
당신이 세운 목표를 어떻게 실행했는지 궁금해질 것입니다.

2016 나의 인생계획 타임캡슐

STEP 1 인생목표

STEP 2 현재 나는 어떤 삶을 살고 있는가?

STEP 3 미래를 위해 현재 내가 꼭 해야 할 실천계획

STEP 4 실행을 잘할 수 있는 나의 평소 행동지침

STEP 5 내가 정한 계획이 잘 실천되었는가?

2016 우리 집 재무설계 타임캡슐

STEP 1 재무목표

STEP 2 현재 우리 집의 재무상태는 어떤가?

STEP 3 미래를 위해 현재 가족 구성원이 꼭 해야 할 실천계획

STEP 4 실행을 잘할 수 있는 가족 구성원의 평소 행동지침

STEP 5 재무목표 달성을 위해 올해 정한 내용들이 잘 실천되었는가?

2016 자산관리와 재무설계의 굿 원칙

나와 가족을 위한 우리 집 자산관리를 이제부터라도 시작합시다. 지금까지 자산관리를 하고 있었다면 다시 재설정하는 것도 좋습니다. 현재 우리 집의 재무상태를 놓고 아직 본격적인 자산관리와 재무설계를 할 수 있는 단계가 아니어도 이러한 행위는 꼭 필요합니다. 자산관리 혹은 재무설계(Financial Planning)는 훨씬 장기적인 관점에서 다양한 제약요인을 감안하여 자산군(Asset Class)별 투자 비중을 결정하고 관리하는 과정을 의미합니다. 급여나 고정수입의 효율적인 관리를 통해 최소한의 자금을 모으는 데 목표를 두고 시작하는 것도 바람직합니다. 따라서 흔히 재테크라고 불리는 목돈, 종잣돈(Seed Money) 모으기를 1차 목표로 설정해도 좋습니다.

자산관리를 위한 출발은 '지출의 관리'부터입니다. 뚜렷한 목표의식 없이 무계획적으로 지출하다 보면 적자가 나기 일쑤여서 체계적인 미래 설계를 어렵게 합니다. 따라서 매일매일 지출을 꼼꼼히 기록하는 것도 중요하지만 '월별 지출 정산'을 반드시 해야 합니다. 합리적인 소비관리를 통해 최대한 투자 가능한 금액을 마련하는 것이 자산관리의 출발점이 됩니다.

효과적인 자산관리를 위해선 반드시 거쳐야 하는 일반적인 과정들이 있습니다. 소박하게 6개월 단위로 목표액을 설정한 예를 들어 보겠습니다. '6개월에 500만 원 만들기'라는 구체적인 목표를 설정하는 것입니다. 이러한 단기 플랜과 현실 가능한 목표액은 현재의 재무상태를 파악했을 때 비교적 합리적이고 현실적인 과정을 통해 자금을 관리할 수 있습니다. 금액의 크기에 따라 자산관리 과정에서 중점적으로 검토해야 하는 요소에는 차이가 있지만 일련의 과정에 따라 실행해야 하는 내용은 다음과 같습니다.

자산관리를 위한 실행 과정은 ① 재무목표 설정, ② 현금 유출입과 재무상태 분석, ③ 투자금액 결정, ④ 자산배분안 수립, ⑤ 투자의 수행 및 모니터링, ⑥ 자산의 재배분 등으로 구성됩니다. 이들 과정은 단계별로 결정되지만 상호간에 밀접하게 관련되어 서로 영향을 주고받습니다. 따라서 자산관리를 위한 재무설계는 일관된 원칙을 통해 결정하고 관리해야 합니다.

1단계 : 재무목표의 설정

첫 번째 단계인 재무목표의 설정은 자산관리를 통해 최종적으로 달성하고자 하는 바를 금액과 기간으로 표시합니다. 장기적인 자산관리를 목적으로 하는 경우 흔히 사람들은 '편안한 노후생활을 위해', 혹은 '자녀

양육과 은퇴 이후 필요한 자금 마련을 위해'와 같은 추상적인 목표를 세우곤 합니다. 그러나 투자기간과 투자금액, 그리고 목표금액을 구체적으로 표현하지 않는 목표는 결코 관리할 수 없습니다. 분명한 목표를 가지고 있어야 실제로 투자할 수 있는 금액을 책정할 수 있으며, 세운 목표를 달성 가능한지 확인할 수 있습니다. 만일 세운 목표에 투자 가능한 금액을 맞추기 어렵다면 목표를 조정하면 됩니다. 이 과정은 두 번째 단계와 서로 밀접하게 연계됩니다.

2단계 : 현금 유출입과 재무상태 분석

두 번째 단계는 현재 나를 비롯한 우리 집의 재무상태와 현금 유출입을 분석하는 단계입니다. 기업을 분석할 때는 재무제표(Financial Statements)라는 것을 기초로 하는데, 재무제표 중 가장 핵심이 되는 것은 대차대조표와 손익계산서, 현금흐름표입니다. 대차대조표(Balance Sheet)는 특정 시점에 기업이 보유하고 있는 자산과 부채, 자본을 표시한 것이고, 손익계산서(Income Statement)는 일정 기간 동안 기업이 얻은 수익과 비용을 나타내는 지표입니다. 또 현금흐름표(Cash Flow Statement)는 일정 기간 동안 기업의 현금 유입과 유출을 발생 원천별로 구분 및 표시한 것입니다. 가계의 경우에도 현재 우리 집 재산상태를 확인하고 이를 바람직한 방향으로 변화시키기 위해 기업의 대차대조표에 해당하는 '재무상태표'와 '현금흐름표'를 작성할 것을 권합니다. 충분한 통찰과 분석을 하기 위해서는 보다 엄밀한 기준으로 작성해야 합니다. 따라서 3개월 단위로 분기별 단기 목표를 구체적으로 세우고 이에 따른 단기 플랜을 설정하기를 권합니다.

3단계 : 투자금액의 결정

세 번째 단계는 투자 가능한 금액을 결정하는 단계입니다. 이는 앞서 재무상태표와 현금흐름표를 정밀하게 작성하면 목표와 함께 자연스럽게 정할 수 있습니다. 수입에 대한 씀씀이 계획표를 작성하고 자금을 분할하면 올바른 방향으로 계획을 수립할 수 있습니다. 따라서 투자금액 역시 분기별 3개월 단위로 결정하고 재투자와 재분배, 새로운 투자를 결정할 수 있게 합니다.

4단계 : 자산배분안 수립

네 번째 단계는 자산배분안을 수립하는 과정입니다. 자산관리의 목표가 정해지고 현재의 재무상태와 투자 가능한 금액이 결정되면 목표를 달성하기 위해 투자금액을 투자대상들에 어떻게 나누어야 하는지를 결정하게 됩니다. 물론 여기에는 투자대상의 선정에서부터 자신의 투자성향과 투자기간 등 복잡한 요인들에 대한 면밀한 분석이 포함되어야 합니다.

가령 직업이나 소득에 맞게 투자성향 분석을 합니다. 실제 자산관리의 경우 반드시 그렇게 복잡한 분석 과정을 거쳐야 하는 것은 아닙니다. 목표기간, 목표액, 실제로 투자 가능한 월별 금액을 분석할 수 있다면 달성해야 할 수익률은 자연히 결정됩니다. 만일 목표를 달성하기 위한 필요수익률이 원리금 보장상품을 통해서도 달성할 수 있는 수준이라면 가장 좋지만, 그 이상이라면 일정 부분 손실 가능성이 있는 상품에 투자하는 것이 불가피할 수도 있습니다. 그러나 목표로 하는 투자기간을 따져봤을 때 현실적으로 위험이 큰 상품이라면 투자하는 것은 피해야 합니다.

5단계 : 투자의 수행 및 모니터링

다음은 자산배분안을 통해 결정된 투자안을 수행하고, 모니터링하는 단계입니다. 이 단계를 실행하려면 우선 지출 계획을 철저히 지켜 과도한 소비를 통제해야 합니다. 만일 월급통장에 구멍이 생기면 계획한 투자를 수행하는 일이 원천봉쇄됩니다. 또 자산배분안에 따라 투자를 수행한 다음에는 최초 설정 목표를 점검하고 투자한 금융상품을 지속적으로 모니터링해야 합니다. 적어도 6개월에 한 번은 꾸준한 모니터링을 통해 리스크 관리를 해주어야 합니다. 이는 자산관리에서 매우 중요합니다. 이 책의 3개월 단기 플랜을 작성하는 타임캡슐을 통해 분기마다 모니터링을 하고, 월별 정산을 통해 매월 1회씩 분석하고 자산을 관리하도록 합니다.

6단계 : 자산의 재배분

모니터링 단계를 거치면 정해진 기준에 따라 자산을 재배분(Rebalancing)합니다. 건강을 위해 정기적으로 건강검진을 받듯 재테크에서도 모니터링을 통해 문제가 발견되면 포트폴리오를 재조정하는 작업이 필요합니다. 자산 재배분이란 부족한 점을 채우고 부진한 금융상품을 새로운 것으로 교체하는 행위입니다.

이와 같이 일련의 과정을 통해 자산관리와 재무설계를 면밀하게 설정 또는 재설정하기를 권합니다. 또한 설정한 목표와 지침들을 실천하기 위해서는 현재 시점에서 많은 불편을 감수해야 할지도 모릅니다. 다소의 불편이 수반되지만 목표를 향해 하나씩 실행해 나가는 건전한 노력의 과정에서 얻어지는 성취와 보람은 삶을 건강하게 유지시키는 중요한 수단이 됩니다. 돈, 물론 중요합니다. 하지만 돈 그 자체보다 돈이 제공할 수 있는 결핍으로부터의 자유가 더 소중합니다. 자유는 자신의 인생뿐만 아니라 함께하는 가족을 생각할 수 있는 여유를 줍니다. 소박하지만 꾸준한 노력을 통해 얻어지는 부의 축적 과정을 통해 돈에 끌려다니지 않고 소중하게 돈을 사용할 수 있는 인격적인 성숙의 경지까지 이루어가길 바랍니다.

■ 한눈에 보는 2016년 우리 집 재무상태표

		항목	내용	금액
2016 자산	금융자산	현금자산	현금		
			보통예금 / CMA / MMF		
			정기예금 / 정기적금		
		투자자산	주식 / 채권		
			펀드 등의 간접투자상품		
		보험자산	종신보험 / 상해보험		
			연금보험 / 연금저축		
			국민연금 / 퇴직연금 / 기타 연금		
	사용자산	사용자산	주거용 부동산		
			임차보증금		
			자동차		
			월 임대수익금 등의 기타 사용자산		
		자산 합계 금액		
2016 부채 · 순자산	부채	단기부채	신용카드 잔액		
			마이너스 통장 잔액		
			개인 신용대출		
		중장기부채	자동차 대출 및 할부금		
			주택담보대출 / 모기지		
			주택 전세자금 및 보증금 대출		
	순자산	순자산			
		부채와 순자산 합계 금액		

■ 한눈에 보는 2016년 우리 집 현금흐름표

	항목	내용	금액
2016 총수입	근로소득		
	금융소득 — 이자소득		
	금융소득 — 배당소득		
	임대소득		
	기타소득		
	수입 합계 금액		
2016 총지출	저축·투자 지출 — 저축		
	저축·투자 지출 — 투자		
	고정지출		
	변동지출		
	지출 합계 금액		

■ 한눈에 보는 2016년 월별 우리 집 재투자와 신규 투자 자산배분 리스트

※ 연결되거나 새로 시작하는 적금, 예금, 펀드 등의 금융상품과 부동산 등의 자산을 모두 포함합니다.

월	내용	합산 내역
1월		
2월		
3월		
4월		
5월		
6월		
7월		
8월		
9월		
10월		
11월		
12월	내용	합산 내역